목조주택
프로젝트
27

나무로 짓는 집 이야기

재미있고 즐거운
목조주택 짓기를 꿈꾸며

어느 날 우연히 보게 된 목조주택 시공 현장. 마치 젓가락으로 집을 짓는 것만 같았던 장면을 보고 흥미를 느끼게 되면서 나의 인생이 바뀌었다. "뭐 이런 집을 짓나" 하던 의구심은 잠시, 시간이 흘러 완성된 집을 보는 순간 마음을 온통 빼앗겨 버렸다. 눈앞에 펼쳐진 집은 지금껏 한 번도 본 적이 없는 예쁘고 화려하고, 뭐라 형언하기 어려운 감동을 주었다.

이를 계기로 목조주택에 대하여 차근차근 공부하고 연구를 하면서 미적인 아름다움보다 더 흥미로운 장점이 많다는 사실에 놀랐고, 외관에 비치는 모습과는 다르게 합리성과 실용성까지 고루 갖춘 주택이라는 것에 대하여 알게 되면서 새로운 세계로 입문하게 되었다.

아마 건축을 전공하였다면 목조주택에 관심이 없었을 것이다. 기존의 건축지식들이 머릿속에 가득히 있었다면 어느 한자리를 목조주택에 양보하지 않았을 것이기 때문이다. 목조주택은 기존의 RC조나 강관구조와는 전혀 다른 건축분야이다. 이미 선진국에서 그 이론과 구조를 모두 정립해 놓았기 때문에 관심을 가지면 누구나가 쉽게 도전해 볼 수 있는 구조이다.

그러나 쉽게 접근이 가능한 반면 또 한편으로는 깊이 없이 접근하면 낭패를 당할 수 있는 구조이기도 하다. 규격화된 자재와 완성도 높은 설계 그리고 꼼꼼한 디테일을 갖추면 인간에게 가장 좋은 주거환경을 제공한다.

나는 소위 말하는 건축업자다. 건축과 교수도 아니고 유명한 건축가도 아닌 건축업자가 책을 쓰려는 이유는 현실을 말하고 싶었기 때문이다. 현장의 생생한 목소리를 책에 담아 건축을 하려는 예비 건축주들에게 이상이 아닌 현실의 이야기를 들려주고 싶었다. 그동안 쓰인 대부분의 건축 관련 서적은 학생을 가르치는 교수와 이론적으로 무장된 건축가들이 쓴 것이 대부분이어서 현장에서 몸으로 느끼면서 건축을 진두지휘하는 야전군 중심으로 책을 출간하면 도움이 되지 않을까 하는 생각에 책을 내게 되었다.

건축은 종합예술이다. 자동차산업이 관련된 많은 부품과 기기가 연결되어 하나의 자동차가 탄생하듯 건축도 여러 가지 요소와 자재들이 결합하여 하나의 건축물을 완성한다. 그만큼 어렵고 힘든 작업이며, 그만큼 보람이 큰 것 또한 건축의 묘미이다. 황량한 허허벌판에 멋지게 지어진 건물을 보는 순간 힘들었던 과정이 한방에 날아간다. 또한 건축물은 한번 지어지면 20년에서 길게는 몇 백 년까지 존재하지 않는가. 그래서 건축을 하는 사람들은 사명감을 가져야 하며 누구에게든지 당당하게 '내가 건축한 건물'이라고 자랑스럽게 말할 수 있어야 한다. 그런 마음가짐을 가져야 건축과정에서의 어려움을 이겨내고 당당히 보람을 찾을 수 있으며 건축도 재미있게 할 수가 있다.

집을 한번쯤 지어봤던 건축주들은 집을 짓는다고 하면 대부분은 고개를 절레절레 흔든다. 건축업자야 일 때문에 힘들다고 쳐도 자기 집을 짓는 건축주가 왜 힘이 드는 걸까. 모든 문제의 출발은 신뢰에 있다. 신뢰가 깨지면 의심하게 되고 의심은 소리를 통하여 밖으로 분출되며 감정이 쌓이고 감정의 골이 깊어지면 나중에는 자금 때문에 싸우게 된다. 그야말로 집을 짓는 일 자체가 집주인과 건축업자 모두에게 괴로움과 고통인 것이다.

서로 소통하고 상대방의 의견을 존중하고 이해하며 집을 짓다보면 집짓는 일이 그렇게 즐거울 수가 없다. 시공사는 우리가 먹고사는 경제적인 수익과 일터를 제공해주는 건축주에게 감사를 느끼고 집주인은 평생 살아갈 아름다운 집을 지어주는 시공사가 고맙게 느껴질 때, 건축은 신바람 나는 일이 되고 창조의 즐거움을 맛볼 수가 있는 것이다.

책을 집필하게 된 동기도 신바람 나는 건축을 하는 데 조금이나마 일조를 할 것 같은 마음에서 시작되었다. 아무쪼록 이 책을 읽은 독자에게 집을 짓는 길잡이가 되어 신바람건축을 경험하는 계기가 되기를 간절히 바란다.

이 한 권의 책을 내는데 3년의 시간이 걸렸다. 그 동안 전국을 뛰어다니며 현장을 답사하고 설계를 하고 땀과 정열을 쏟았던 귀중한 주택들이기에 이 책에 모든 것을 담아내기에는 어려움이 있었다. 그 동안 설계하고 시공했던 모든 주택을 실을 수 없어 안타깝지만, 여기에 실린 주택은 건축주가 흔쾌하게 지면에 소개하는 것을 허락해 주신 소중한 마음이 있었기에 가능했다.

또한, 그동안 ㈜나무와좋은집에서 함께 동고동락 하면서 현장을 누볐던 직원들과 현장의 빌더들, 그리고 협력업체 대표님과 업체 직원들이 이 책의 주인공이자 저자이다. 이 자리를 빌려 그분들을 비롯해 모듈러주택이라는 새로운 길을 함께 가고 있는 ㈜스마트하우스 직원, 빌더팀, 설치팀 이하 모든 분들에게 감사를 드린다.

이 영 주

CONTENTS

SMART HOUSE

마운틴힐 플러스(69.97㎡)

MODULE HOME

Mobile Home

Cabin House

Tree House

Retiree Home

Weekend House

㈜스마트하우스 | www.smarthousing.co.kr

단독주택 시장에 부는
변화의 바람

아파트 개발이 본격화되기 전인 1980년대부터 90년대까지, 그 시작을 알리는 주거 건축물이 전국 곳곳에 세워졌다. 바로 연립주택과 다가구주택이다. 여기에 조금이라도 넓은 땅이 있으면 소형아파트들이 선을 보였다. 5층이나 6층으로 지어진 '나 홀로 아파트'는 그 당시 새로운 주거형태였다.

물론 주택공사에서 대단지로 조성한 주공 아파트단지가 곳곳에 있었지만 자투리땅에는 작은 규모의 주거 건축물이 속속 들어섰다. 1989년 택지개발예정지구로 지정된 분당 신도시를 필두로 일산·산본·평촌·중동 5개 1기 신도시는 온통 아파트로 채워졌다. 예컨대 일산 신도시의 경우 주택 건설은 6만9천 가구가 계획됐고, 이 중 아파트가 6만3천1백 가구였으니 '아파트 공화국'이라는 말이 나올 만했다.

이후 아파트는 우리나라 부동산 시장의 핵으로 떠올랐다. 주거 기능뿐만 아니라 재테크 기능까지 더해져 꿩 먹고 알도 먹을 수 있는 좋은 시장이 되었다. 주식과 더불어 아파트는 직장인들이 재테크를 할 수 있는 가장 쉬운 방법 중 하나로 자리매김하게 되었다.

최근 들어 도심 근교에는 아파트 공화국이 되기 전 연립이나 나 홀로 아파트가 우후죽순처럼 생겨나던 것과 유사한 현상이 조금씩 일어나고 있다. 이런 현상을 이끌어 내고 있는 것이 소형 단독주택들이다. 많은 시행착오를 겪기도 했지만 땅콩주택의 열풍이 단독주택에 대한 기대를 이끌어 내는데 큰 성공을 거둔 것이다.

⊙ 전원주택 및 단독주택 수요자의 변화

구분	기존 수요자	신 수요자
입지	전원형 위주 양평, 용인 등 도시와 원거리 정착, 주말 이용	도시 근교 일산, 용인, 파주, 남양주 등 도심 근교 도심 출퇴근
세대	50~60대 은퇴자 중심	30~40대 중심
규모	대지 660㎡ / 건물 150㎡	대지 150㎡ / 건물 85㎡
투자금액	3억~6억원	2억~3억 5천만원
건축소재	철근콘크리트구조	목구조

젊은 30~40대가 시장 흐름 주도

이러한 시장 흐름을 주도하는 세대에도 변화의 바람이 일고 있다. 기존에 단독주택의 주 수요계층이 부유층이면서 은퇴를 앞둔 사람들이었다면 지금은 탈 아파트를 꿈꾸는 30~40대가 시장을 이끄는 추세다. 이들의 공통점은 아파트의 공동 주거문화에 염증을 느끼며, 한창 뛰어노는 어린 자녀를 두고 있는 젊은 부모라는 것이다. 이들의 사고방식은 조금 남다르다. 기존의 틀을 싫어하고 획일화된 문화를 거부한다. 제도권에 있기보다는 자기만의 세계를 더 존중한다. 작은 텃밭을 가꾸는 취미를 가지면서도 주말에는 오토캠핑을 즐기는 식이다. 기존의 전원에서 생활하는 많은 이들이 주말을 조용하게 집에서 보내는 것과는 대조된다.

필자가 사는 곳은 경기도 파주 교하신도시다. 전에는 보지 못했던 분양광고가 심심찮게 집으로 배달되곤 한다. 아파트나 상가 일색의 분양 전단지가 최근에는 타운하우스라는 이름으로 뿌려지고 있다. 자유로를 달리다 보면 '전원주택 3억', '고급 타운하우스 분양'이라 적힌 임시 현수막도 많이 볼 수 있다. 얼마 전 파주 교하신도시 인근에 토지 150㎡(45평)에 건물 118㎡(37평)을 지어 분양하는 사람을 만났다. 건물은 아직 공사를 마치지 않은 상태인데, 이미 두 동은 분양을 하고 다른 두 동은 건축비 문제로 전세를 놓았다고 한다. 주변에서는 여기저기 자투리땅을 활용해 소규모의 미니 주택단지들이 건설되고 있다.

물론 건물은 일반적인 수준으로 가격은 인근 아파트 시세와 유사하다. 수요층은 다양했다. 어린 자녀를 둔 젊은 부부와 홀로 사는 독신자들, 왜 이들은 아파트를 버리고 단독주택을 사게 됐을까.

소형 단독주택, 도심 근교서 늘고 있어

이제 부동산 시장에서 아파트를 재테크 수단으로 보고 투자를 고려하는 사람은 점차 사라지고 있다. 한편으로는 이러한 때를 노려 반대로 투자를 하려는 사람도 있겠지만, 시장의 큰 흐름이 아파트는 이제 더이상 투자대상이 아닌 쪽으로 바뀌고 있다.

그렇다면 아파트가 삶의 질을 높이는 주거형태인가? 물론 아파트가 우리 주거문화 수준을 높여준 주거 건축물임에는 틀림이 없다. 하지만 주거의 질은 높였을지라도 마음의 풍요를 가져다주지는 못했다. 아파트에서 이웃끼리 사이좋게 지내는 사람도 있지만 층간소음으로 인해 다투는 경우도 흔하다. 하지만 단독주택에서는 아이들이 마음껏 뛰어도, 강아지가 아무리 짖어도 큰 문제가 되는 경우는 거의 없다. 그리고 주말이면 소파에 누워 텔레비전을 보다가 잠이든 흔한 가장의 무기력한 모습도 찾아보기 어렵다.

단독주택 시장에 부는 이러한 작은 바람이 어떻게 바뀔지 궁금해진다. 1기 신도시가 태동했던 것처럼 1기 전원주택 신도시가 생겨나지는 않을까? 전원주택 시장에 새롭게 불기 시작한 이 바람이 '찻잔 속 태풍'으로 끝이 날지, 아니면 실제로 큰 태풍이 될지는 두고 볼 일이다.

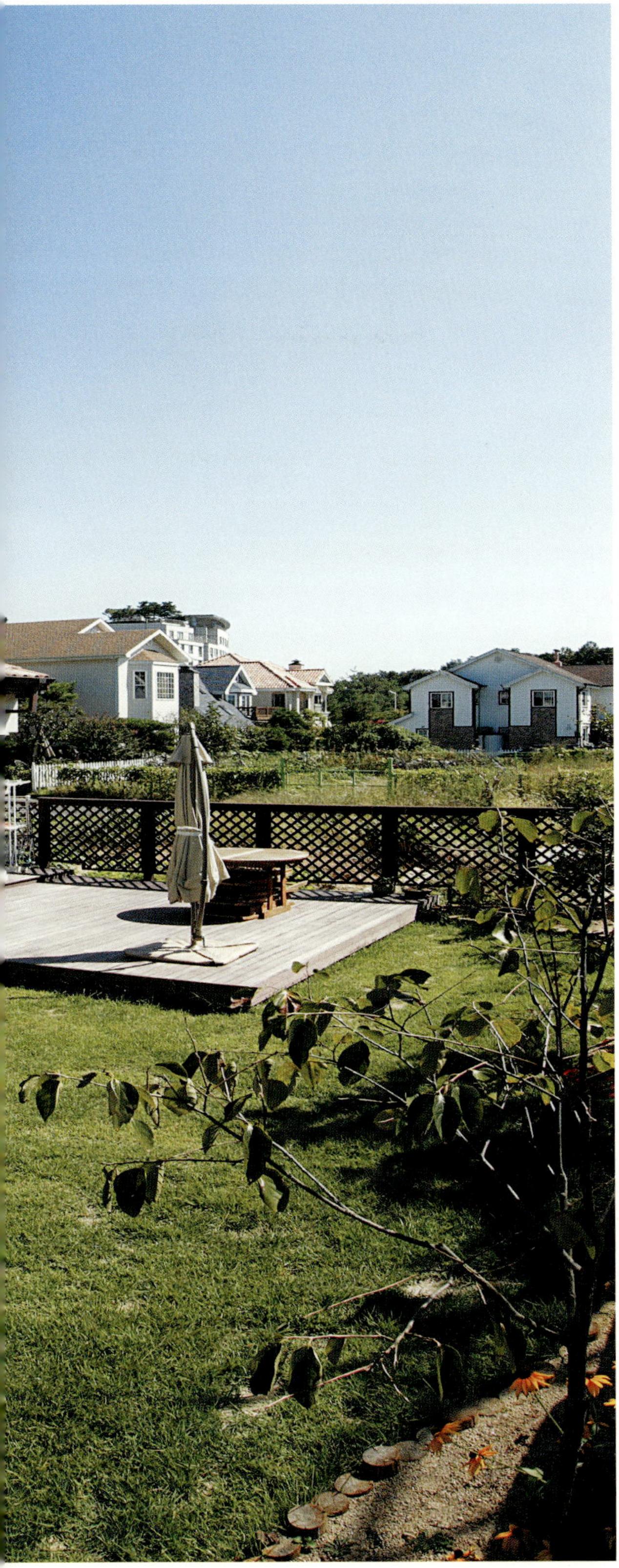

Wood Framed House 01

화이트 톤이 돋보이는
친환경 주택의
완성

대전
지중해풍 전원주택

대지위치	대전시 유성구 지족동
지역지구	제2종일반주거지역
용도	단독주택
건물규모	지상 2층
대지면적	296.30㎡(90평)
건축면적	137.50㎡(42평)
연면적	262.20㎡(79평)
건폐율	46.41%
용적률	88.49%
주차대수	2대
공법	기초 - 줄기초 지상 - 경량목구조
구조재	캐나다산 넬
창호재	융기창호
단열재	그라스울
외부마감	스터코플렉스, 스페니쉬 기와
내부마감	실크벽지, 페인트, 주문제작 도어
설계 및 시공	㈜나무와좋은집

대전
지중해풍 전원주택

건축주는 슬하에 7살 난 딸과 9살짜리 아들을 두고 있다. 주택을 짓고 사는 선배가 조언하길 자녀가 어릴수록 마당이 있는 집에서 사는 것이 좋다 하여, 초등학교가 가까운 이곳에 대지를 선택해 집을 지었다. 1년 정도 생활해본 결과 올바른 선택이었고, 주택에서의 삶은 아파트와 비교할 게 못된다고 단호히 말하는 입장이 되었다.

집의 외관은 처음부터 지중해 산토리니풍을 원했다. 지붕에는 기와를 얹고, 외벽은 스터코플렉스로 마감함으로써 단순하면서도 고급스럽게 계획하였다. 울타리 또한 지중해풍 이미지에 중점을 두고 디자인했다. 정원 쪽으로는 데크를 두어 거실과 바로 연결되도록 하여 마당 활용도를 높이는 동시에 이동이 편리하길 바랐으며, 회랑과 포치도 계획하였다. 특히 데크공간은 특히 아이들이 놀 수 있도록 넓게 구성하고, 나머지 마당은 잔디밭으로 꾸몄다. 마당은 큰 나무보다 관목을 주로 사용하여 아기자기하게 꾸몄다.

건축주는 친환경 주택이자 유해호르몬이 없는 목조주택을 일부러 선택하였다. 주 생활공간인 거실과 방들은 주로 남쪽에 배치하고, 주방과 다용도실, 화장실 등은 북측에 배치하였다. 1층은 공용공간으로, 2층은 가족 구성원들의 방으로 꾸몄다. 수납은 붙박이를 많이 계획해 깔끔하게 마감하고 2층에는 창고 용도로 사용할 다락방도 마련하였다.

1층은 거실과 식당을 곧바로 연결되게 하여 너른 공간감을 강조했다. 특히 일반적인 층고인 2,400㎜보다 300㎜를 높여 공간이 좀 더 시원스럽게 구성되도록 하였다. 거실의 스팬 또한 일반 주택들보다는 긴 편인데, 장선을 이중으로 설치해 구조적인 측면을 해결했다. 실내에 사용된 문짝들도 기성품을 사용하지 않고 별도로 제작했다.

2층으로 올라서면 바로 보이는 것은 서재다. 가벽식 문을 달아 소음을 차단하되 필요에 따라 오픈할 수 있는 여지를 남겼다. 책상은 애초부터 벽에 매달린 형태로 설계하였고 한쪽에는 작은 홈바도 갖추었다. 널찍한 계단실은 천장의 형태와 조명 등 특별히 신경 써서 고급스러움을 더했다. 2층 안방과 계단 사이 벽은 애초에 막힌 디자인이었는데, 답답하지 않게 계단과 서재를 바라볼 수 있도록 뚫는 방향으로 선회했다.

흰색을 선호하는 안주인의 취향이 주택의 내외부 설계에 그대로 반영되었다. 외부 활동이 편리하도록 데크와 회랑 등도 신경 썼다.

건물의 외관은 물론 담장까지 산뜻한 이미지로 이어진 대전주택. 잘 꾸며진 정원까지 어우러져 싱그러움을 더한다.

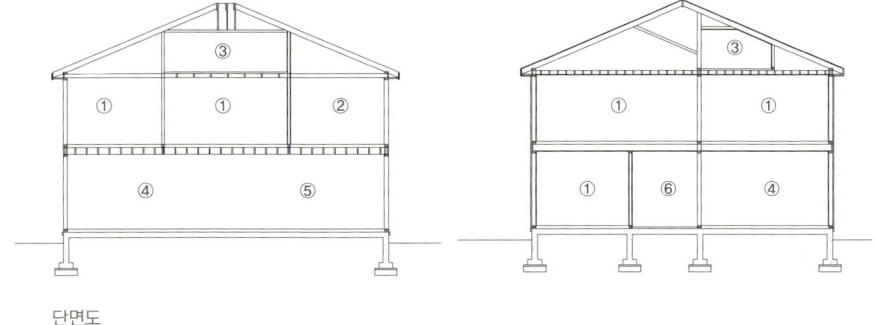

① 방
② 안방
③ 다락방
④ 거실
⑤ 주방
⑥ 현관

단면도

 벽난로가 매입된 거실은 전면창을 통해 데크와 바로 연결되도록 하여 활용도를 높였다. 오픈된 식당은 붉은 빛의 벽지로
마감하여 강렬함을 뿜낸다.

평면도

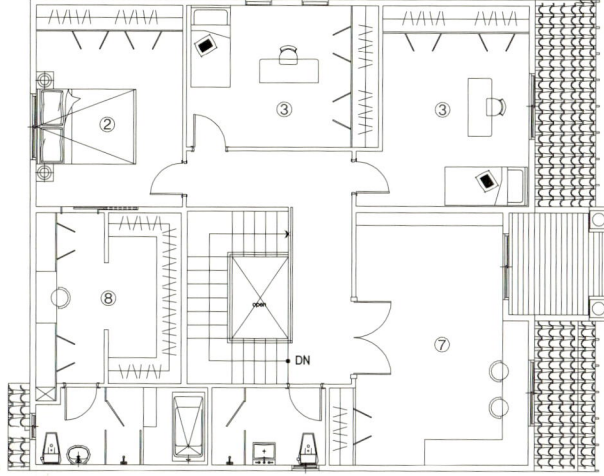

① 거실
② 안방
③ 방
④ 현관
⑤ 주방
⑥ 식당
⑦ 서재
⑧ 드레스룸
⑨ 다용도실

2F

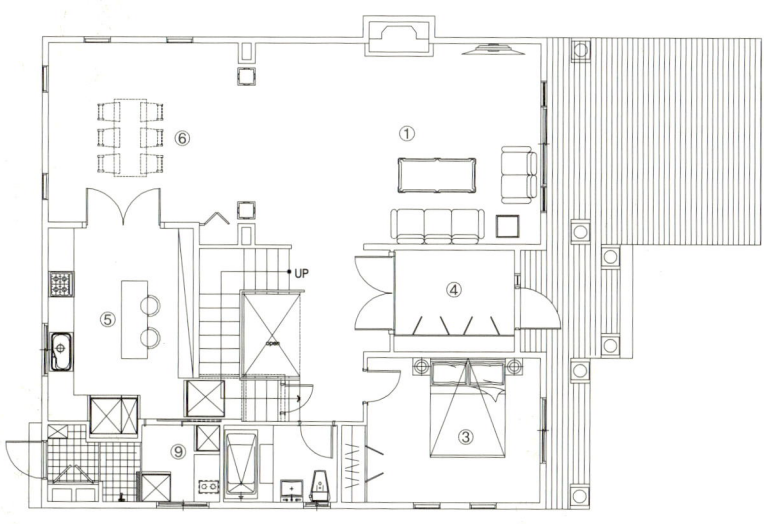

1F

대전
지중해풍 전원주택

: 사진으로 보는

현장 목구조 공사 디테일

Wood Framed House 02

건축주의
꼼꼼함이
투영된 집

대전
모던 스타일 주택

대지위치	대전시 유성구 하기동
지역지구	보전관리지역
건물규모	지상 2층
대지면적	279.6㎡(85평)
건축면적	132.6㎡(40평)
연면적	189.5㎡(57평)
건폐율	49.4%
용적률	68.6%
주차대수	2대
공법	경량목구조
단열재	그라스울
창호재	이중 페어 시스템창호(Low-e 유리)
외부마감	스터코, Kmew 사이딩, 노출콘크리트 패널, 아스팔트싱글
내부마감	실크벽지, 강화마루, 집성원목
설계 및 시공	㈜나무와좋은집

대전
모던 스타일 주택

설계자의 입장에서 건축 상담을 진행하다보면 간혹 건축주의 직업을 예상해볼 수 있다. 치밀함과 꼼꼼함이 엿보인다면 교육계 종사자나 의사 등의 전문직인 경우가 많고, 설계자에게 모든 것을 맡기는 타입은 사업가인 경우가 많다.

공과대 교수인 건축주는 처음부터 목구조주택을 지을 생각이 확고했다. 같은 학교에 재직 중인 건축과 교수에게 의견을 구해 목조전문회사인 필자에게 설계를 의뢰하기로 결심한 케이스다.

그동안 건축주가 생각하고 구상했던 것들이 모두 설계에 반영되었다. 꼼꼼히 적은 체크리스트와 인터넷 서핑을 통하여 모아두었던 마음에 드는 건물 디자인이나 인테리어 사진, 각종 자료들을 바탕으로 디자인을 발전시켰다. 가구와 조명 하나하나, 외부의 맨홀까지도 일일이 확인하여 진행되다보니 속도는 더뎠지만, 시공사에 대한 신뢰를 바탕으로 진행 과정은 수월했다.

부지가 자리한 택지개발지구는 최근 몇 년간 완공된 다양한 주택들로 채워지고 있는 곳이다. 네모반듯한 땅과 잘 짜인 도로 등으로 인해 주택의 위치나 방향을 선정하는 데는 큰 어려움이 없었다. 그 결과 설계 시 이웃집과의 시선 처리나 주차 계획, 일조권 계획 등에 더욱 비중을 두게 되었다.

건축물의 외관을 디자인할 때 가장 먼저 파악하는 것은 건축주의 성향이다. 구체적인 취향을 알 수 있다면 전체적인 구도를 잡아가는 데 훨씬 유리하다. 이 집은 건축주가 외국의 주택 사례를 미리 스크랩해둔 덕분에 취향을 쉽게 캐치할 수 있었다. 전체적인 형태는 심플-모던에 베이스를 두고 다양한 외장재를 적절하게 사용하여 자칫 단조로워 보일 수 있는 건물의 외관에 변화를 주었다.

1층은 현관을 중심으로 우측에는 거실과 주방을, 좌측에는 부부침실을 배치하였다. 주목할 점은 주방과 거실 사이의 식당공간인데 이 집에 들어서는 순간 가장 먼저 눈에 띄는 부분이기도 하다. 높은 식탁은 주방가구 설계 시부터 반영된 것으로, 홈바용 의자를 두어 카페 같은 분위기를 내기 위함이다. 블랙 앤 화이트를 기본으로 하는 인테리어 컬러에 맞추어 거실과 주방 가구 모두 세팅하였다.

2층은 두 자녀를 위한 공간이다. 각자의 개성을 살린 방과 가족실은 아이들을 위해 알록달록하게 꾸몄다. 자녀방은 설계 전부터 맘에 드는 가구를 미리 스크랩하여 각 방마다 공간에 맞는 가구 배치와 색감까지 고려하였다.

2층은 아래층의 거실이 내려다보이는 개방된 구조로 안전을 위해 난간에는 유리를 이중으로 둘렀다. 주방의 위쪽에는 지붕의 경사면을 이용하여 다락방을 만들었는데 아이들의 놀이터 겸 서재 역할을 하고 있다. 특히 빔프로젝터를 설치한 아이디어가 돋보인다. 거실 상단에 설치된 스크린으로 영상을 투시하면 2층의 다락방과 1층의 다이닝룸에서 동시에 관람이 가능하다.

건축주가 스크랩해온 외국의 주택 사례들을 바탕으로 심플-모던 스타일의 외관을 완성하였다.

정면도

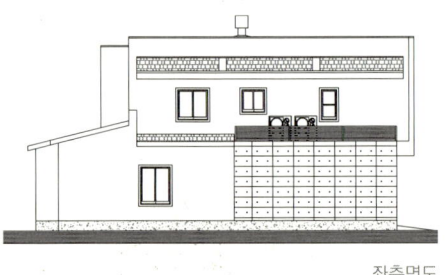

좌측면도

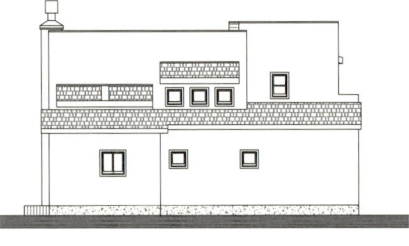

배면도

우측면도

잘 짜인 도로와 네모반듯한 계획대지 덕분에 주택의 향이나 배치에서는 큰 어려움이 없었고 주차와 일조권 등에 신경을 써서 설계를 진행할 수 있었다.

2층까지 오픈된 거실에서 바라보면 화이트 톤의 가구로 모던하게 꾸민 주방이 한눈에 들어온다.

대전 모던 스타일 주택

부부침실 내부에는 작은 공간을 따로 구획하여 서재로 사용할 수 있도록 하였다. 현관을 들어서면 바로 보이는 계단실은 목재 본연의 색을 살려 따스한 느낌이 가득한 인테리어 효과를 주고 있다.

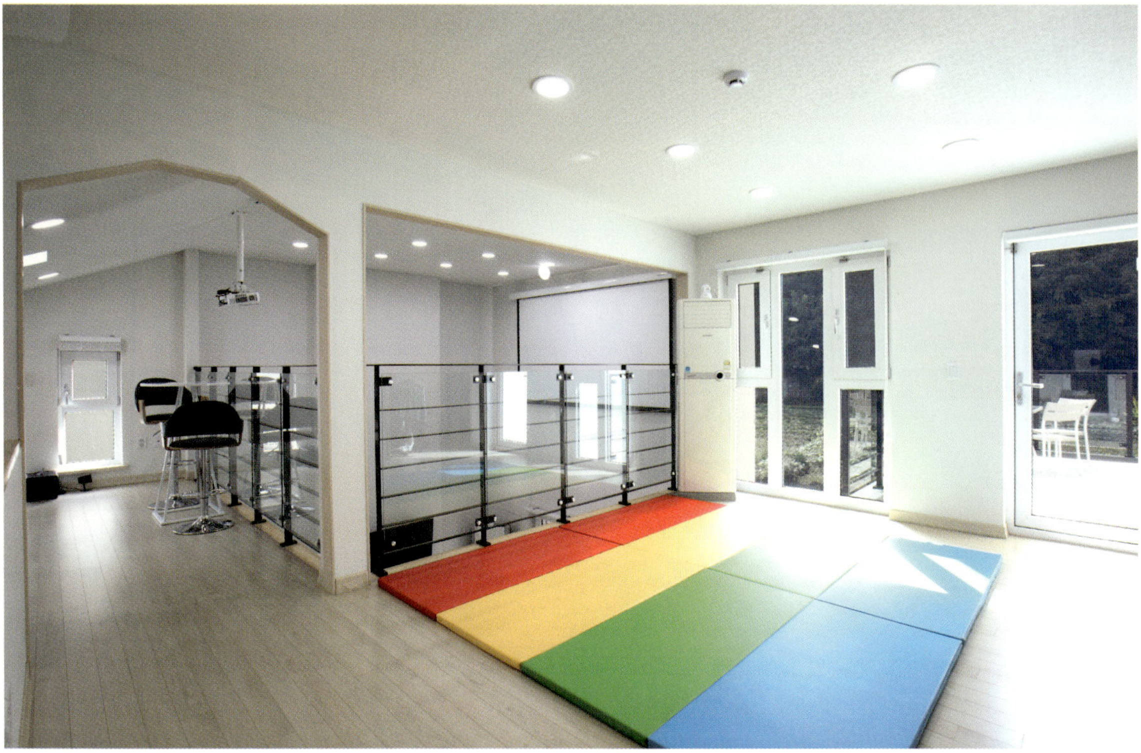

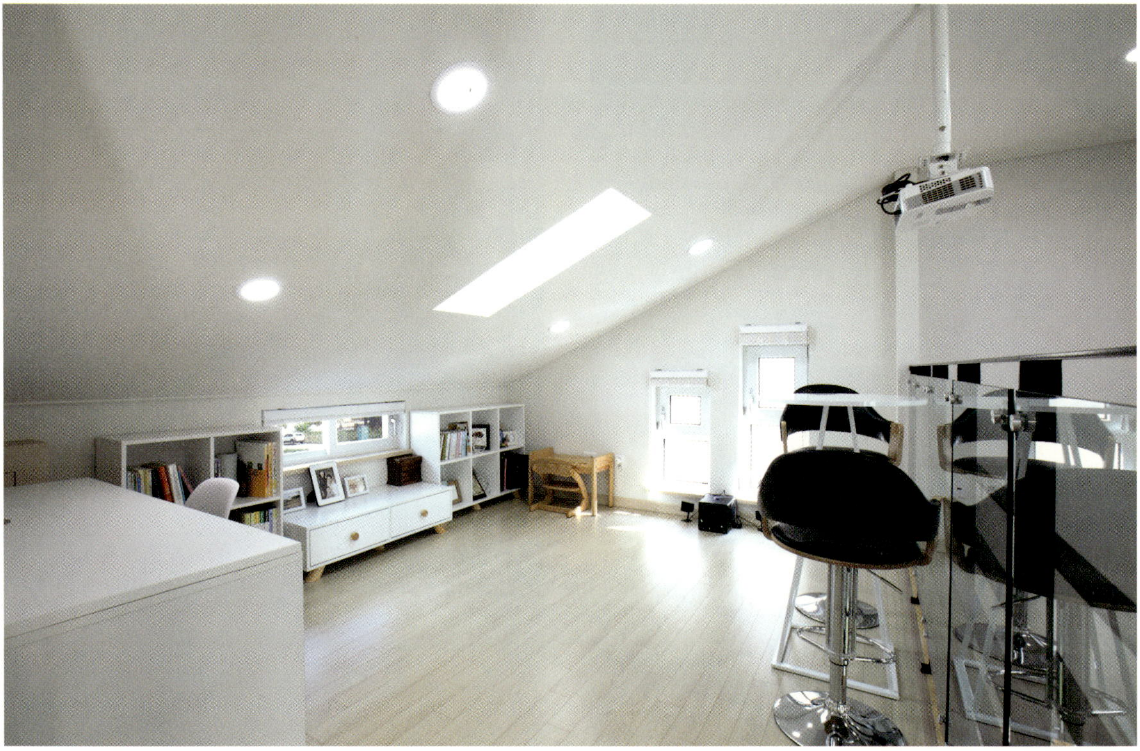

평면도

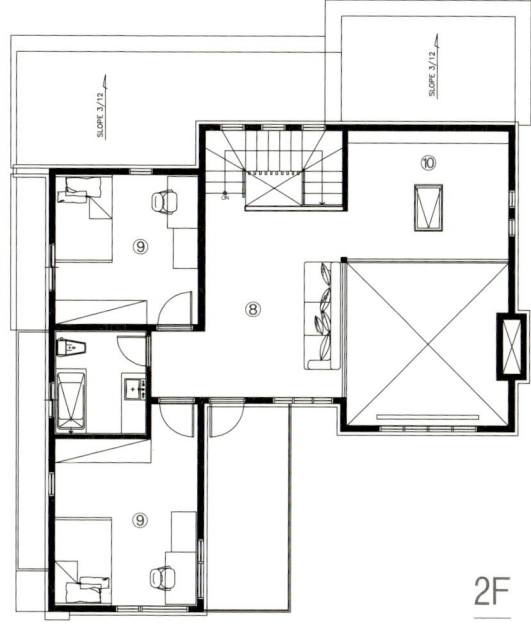

2F

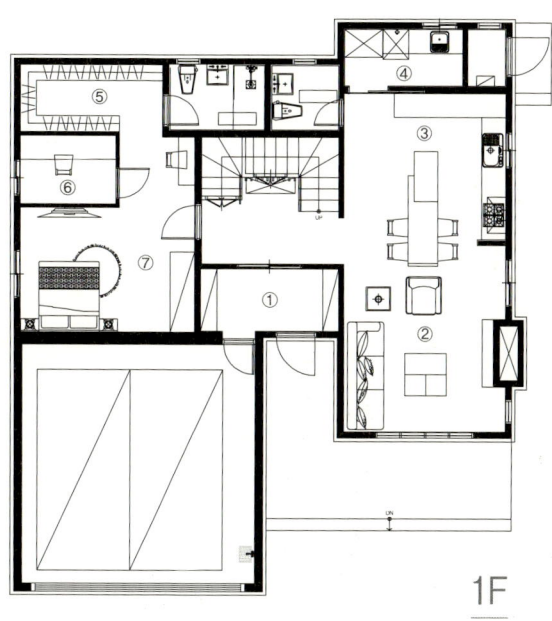

1F

① 현관
② 거실
③ 주방 & 식당
④ 다용도실
⑤ 드레스룸
⑥ 서재
⑦ 안방
⑧ 가족실
⑨ 방
⑩ 다락

왜 목조주택일까

우선 이 물음에 앞서 다른 질문을 하나 하고 싶다. '과연 여러분이 살고 있는 지구는 건강한가?'
어느 누구도 우리가 사는 지구가 건강하다고 답변을 하지는 못할 것이다. 인류문명의 발달은 늘 이
기적이고 욕심에 가득 차 있었다. 모든 사건이나 사물의 중심은 인간이었다. 인간을 위해서 인간이
아닌 다른 존재들이나 사물은 인간에 종속된 하나의 도구에 불과하였다. 윤택한 인간의 삶을 위해
삼림은 파괴되었고, 땅은 파헤쳐 졌으며, 공기는 점차 오염되었다. 인간은 동물의 터전을 빼앗았으
며 심지어 같은 인간끼리도 영역싸움을 하였다.

지속가능성이 있는 자연 건축소개

나무를 베어내어 산림을 벌거숭이를 만들고 그 나무를 이용해 인간의 주거 욕심을 채우는 건축업자
가 아닌, 지구를 사랑하는 한 사람으로서 묻고 싶다. 진정으로 지구를 살리는 길이 무엇일까. 삶의
질을 높이면서 환경까지 보호하는 길은 없을까.
공존의 길을 찾아야 한다. 인간의 삶의 질을 포기할 수 없고, 아울러 더 이상의 환경파괴도 안 된다.
목조주택이 한때 산림 환경을 파괴하는 원흉으로 인식된 적이 있었다. 울창한 숲의 나무를 베어 집
을 짓는 행위가 이기적으로 보이기도 했을 것이다. 발상을 전환해보면 나무는 유한자원이 아니다.
어차피 인간의 주거문제를 해결하기 위해 무엇인가를 건축소재로 사용해야 한다면 유한자원보다는
지속가능성 있는 자원을 개발하면 어떨까.
나무는 베어내고 그 자리에 묘목을 심으면 다시 산림이 된다. 국내의 산림면적은 637만ha라고 한다.
이 면적의 2%인 126만ha만 잘 관리하여 조림해도 국내에 지어지는 저층주택의 건축 재료는 모두 소
화할 수 있다.
산을 깎고 땅굴을 파내어 시멘트를 만들지 않아도 산림을 잘 가꾸고 관리하면 무한하게 자원을 얻
을 수 있다. 한번 파낸 자원은 다시는 인간에게 돌아오지 않는다. 하지만 나무는 다르다. 나무를 심
고 가꾸고 성장하면 베어내고 다시 그 자리에 나무를 심고, 지구가 멸망하기 전까지는 숲을 영원히
살릴 수 있다.
나무로 짓는 목조주택. 나무집이 바로 지구를 살리는 집이다.

Wood Framed House 03

웅장함과
단아함을 동시에 노린
고급주택의 구현

하이델베르그 교하

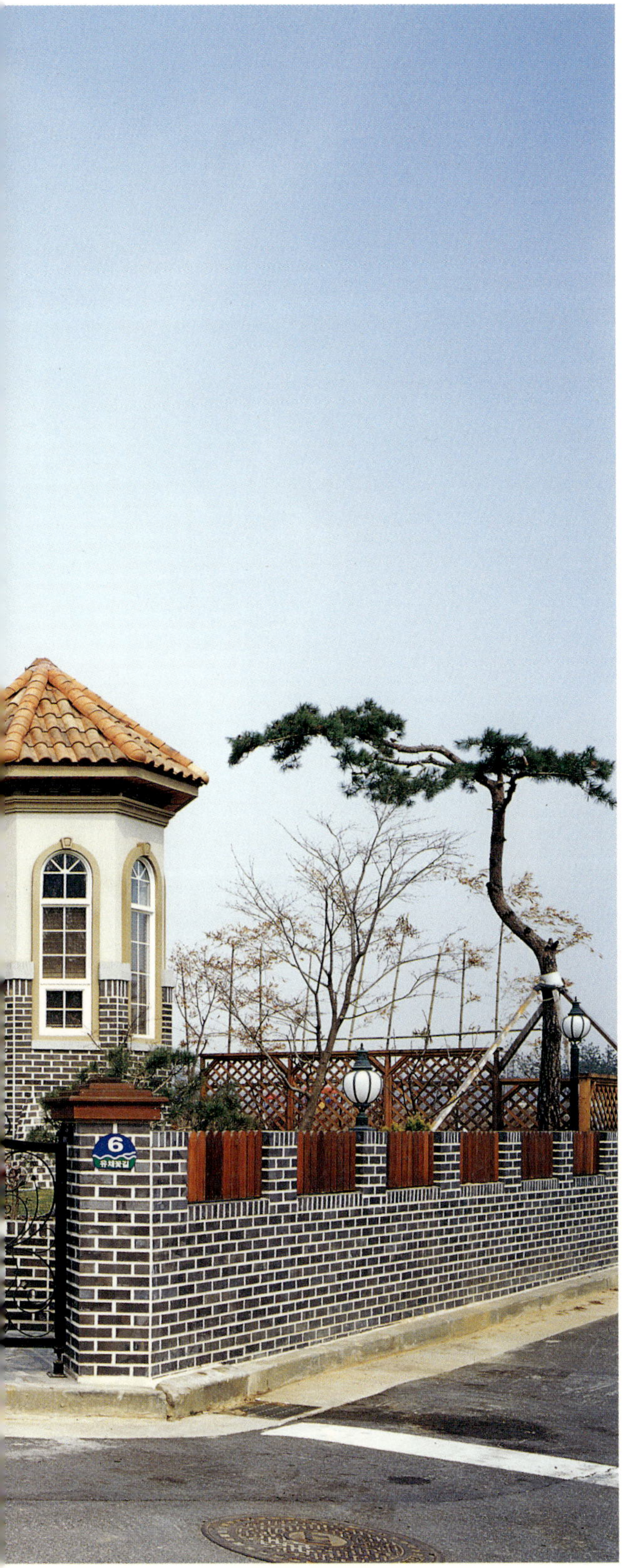

대지위치	경기도 파주시 문발로
지역지구	제1종 전용주거지역, 택지개발지구
용도	단독주택
건물규모	지상 2층
대지면적	346.00㎡(105평)
건축면적	133.77㎡(40평)
연면적	197.91㎡(60평)
건폐율	38.66%
용적률	57.20%
주차대수	2대
공법	기초 – 콘크리트 줄기초 지상 – 경량목구조
구조재	2×4, 2×6 SPF 캐나다산
외부마감	스터코, 벽돌, 스페니쉬 기와
내부마감	실크벽지, 페인트, 대리석, 원목마루, 부빙가
설계 및 시공	㈜나무와좋은집

하이델베르그
교하

이 주택 설계의 키 포인트(Key-point)는 럭셔리 하우스(Luxury house)이다. ㈜나무와좋은집의 고급주택 브랜드 '하이델베르그'의 대표 모델하우스로, 평소 꿈꾸어오던 이국적인 대저택의 분위기에 새로운 자재와 디자인을 접목한 것이 특징이다.

대지가 넓지 않아 웅장하고 고급스러운 대저택을 표현하기에는 협소한 면적이었다. 그래서 고민이 더 깊었고 수많은 스케치와 배치를 하며 하나하나 다듬어 나갔다.
필지는 교하 택지지구에 자리한 단독주택 부지, 택지의 초입 코너 자리에 위치하여 가장 돋보일 수 있는 입지여건을 갖추었다. 대문을 코너에 배치한 것도 이러한 상황을 반영한 결과다. 현관의 위치와 주택을 보는 관점을 모서리에 둔 것도 같은 이유에서다.

디자인은 화려한 유러피언 스타일(European style)을 추구하였고, 그것을 뒷받침하는 소재로 로마식 기둥을 적용하였다. 지붕은 스페니쉬기와, 그리고 건물 하단부는 우리의 전통벽돌인 전벽돌을 사용하여 서양의 건축물에 조금이라도 우리 고유의 소재를 담아내고 싶었다.

인테리어 또한 화려하다. 일반 가정집이라면 다소 부담스러울 수 있지만, 모델하우스이기에 그동안 시도하고 싶었던 목공작업을 가감 없이 적용하였다. 가장 공을 들인 욕실은 천장에 돔형 천장재를 썼고 대형 월풀욕조를 넣어 온가족이 사용할 수 있도록 하였다.

하이델베르그는 건축을 하려는 일반인들에게 많은 관심을 받았지만 건축업자나 설계자의 부담스런 시선도 많이 받았다. 스타일을 모방한 건축물이 전국 곳곳에서 보일 정도였다. 많은 모작이 탄생하였으나 하이델베르그의 비례와 균형감, 소재의 조화 등 독자적인 조형미를 따라오긴 힘들다. 하이델베르그는 ㈜나무와좋은집의 자존심이다.

🏠🏠 벽돌과 오지기와, 단조장식, 이오니아식 기둥양식 등, 스터코로 처리된 벽면을 배경으로 화려하면서도 단아한 스타일을 완성하였다.

하이델베르그 교하

대문에서 현관으로 향하는 어프로치를 목재 데크로 마감해 푸른 양잔디와 대비를 이루고 있다. 개성있는 외관을 강조하는 분홍빛 오지기와가 이국적인 분위기를 더한다.

정면도

우측면도

실용적이고 개방적인 설계가 포인트인 하이델베르그 교하. 앤티크와 클래식을 인테리어 콘셉트로 잡고 욕실과 주방, 현관, 거실, 대문까지 이어지는 홈네트워크 시스템을 갖추어 방범기능 뿐 아니라 원격보일러, 조명 제어, 가스밸브 잠금기능 등을 완벽하게 구현하고 있다.

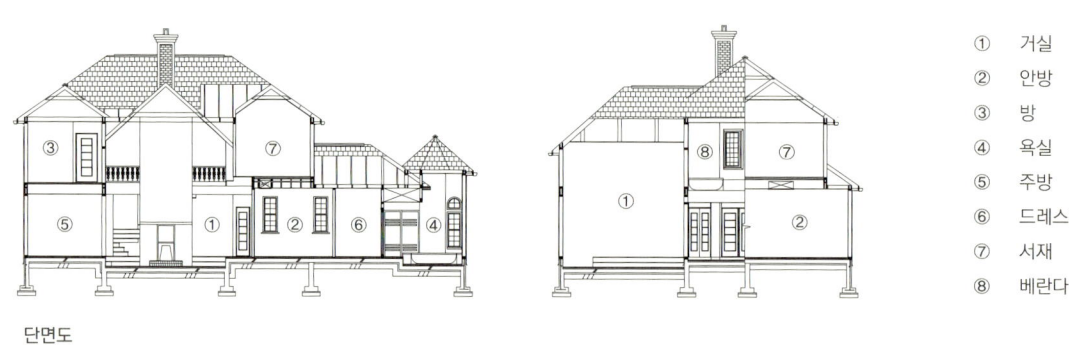

단면도

① 거실
② 안방
③ 방
④ 욕실
⑤ 주방
⑥ 드레스룸
⑦ 서재
⑧ 베란다

보조공간까지 길게 연결된 주방은 식당과도 오픈시켜 동선을 최적화했다. 부부침실 옆 월풀 욕실은 이 집에서 가장 화려한
공간으로 부분 건식을 적용해 효율적인 사용이 가능하다.

평면도

① 거실
② 안방
③ 방
④ 욕실
⑤ 주방 & 식당
⑥ 드레스룸
⑦ 서재
⑧ 홀
⑨ 다용도실
⑩ 현관

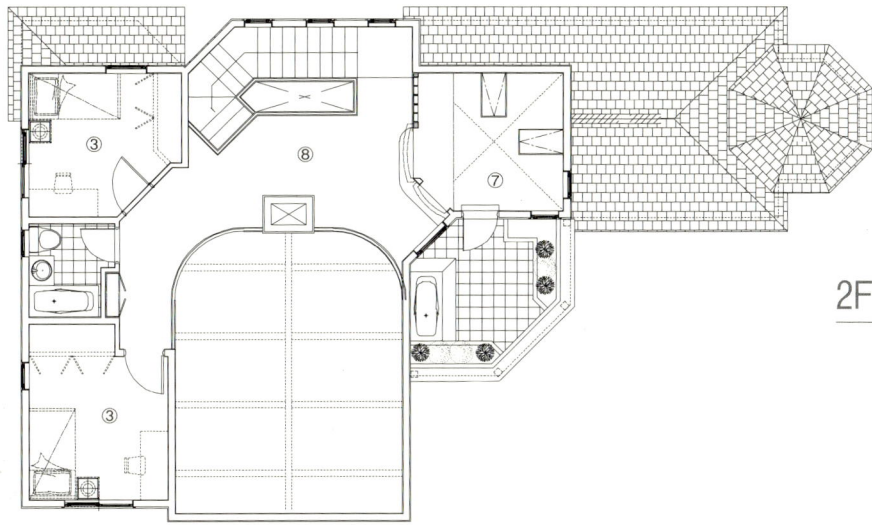

2F

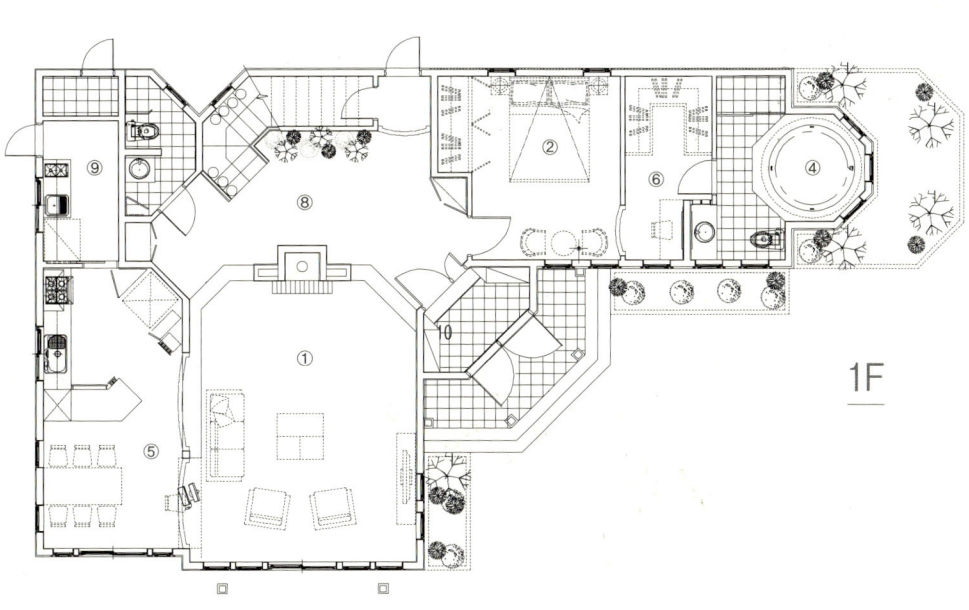

1F

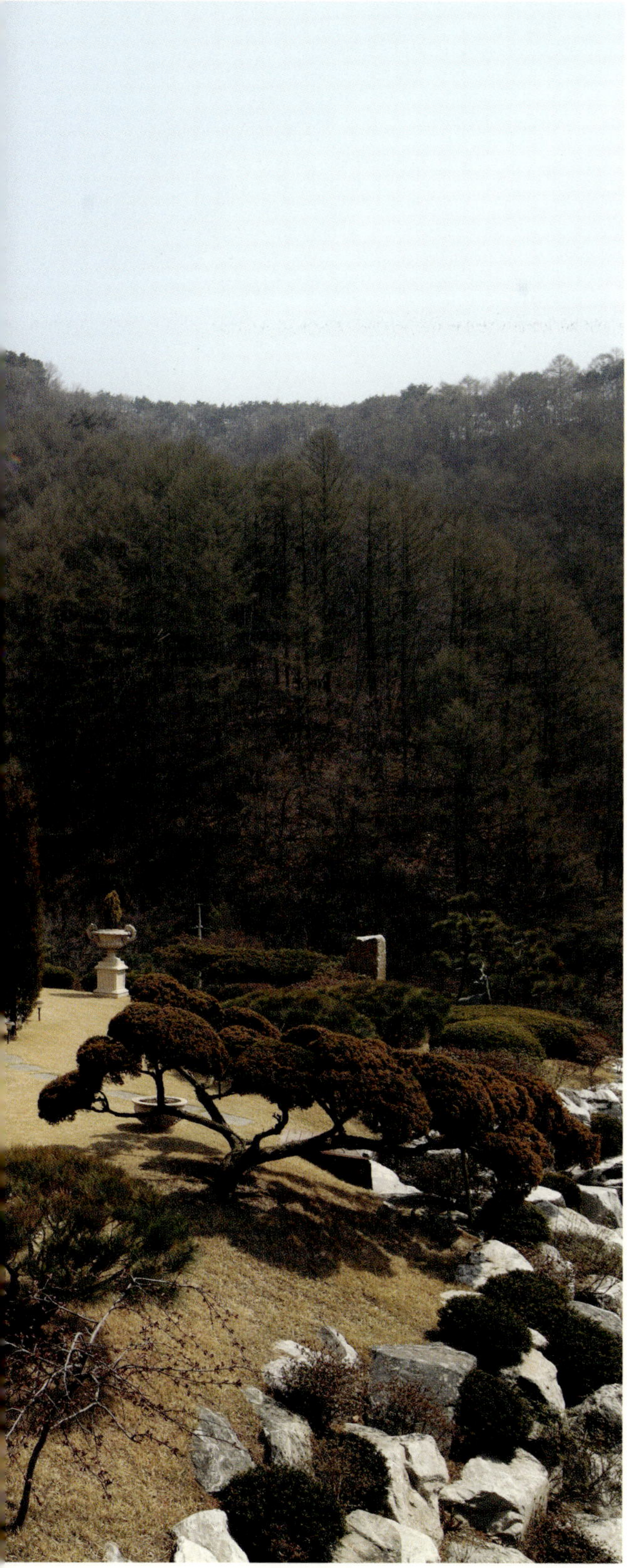

Wood Framed House 04

아름다운
웨딩사진의
배경이 되는 곳

원주 하이델베르그

대지위치	강원도 원주시
지역지구	관리지역
용도	단독주택
건물규모	지상 2층
대지면적	983.00㎡(297평)
건축면적	128.00㎡(39평)
연면적	196.86㎡(60평)
건폐율	19.94%
용적률	26.25%
주차대수	2대
공법	경골목구조
외부마감	스터코, 징크, 스페니쉬기와
내부마감	실크벽지, 페인트, 폴리싱타일
설계 및 시공	㈜나무와좋은집

원주
하이델베르그

의정부에서 웨딩숍을 운영하고 있는 건축주는 몇 해 전 한눈에 반해 장만해놓은 이곳 원주의 대지에 웨딩 촬영이 가능한 아름다운 주택을 짓고자 했다. 그런 까닭에 설계의 콘셉트는 건물의 내외부를 최대한 화려하게 하는 것에 중점을 두었다. 주택의 요소요소마다 카메라 앵글이 잘 잡히도록 디자인하다 보니 전체적인 건물 외관에서의 조형미는 약간의 아쉬움이 남는다.

목재를 이용하여 건축을 하는데 원형이 가능할까. 여러 빌더들을 대상으로 자문을 구했으나, 확실한 답을 얻기가 어려웠다. 그러나 하고자 하면 안 되는 일은 없다는 생각으로 원형의 널찍한 거실을 계획하였고 결과적으로 무리 없이 완성되었다. 물론 현장 빌더들의 크나큰 노고가 있었기에 가능한 일이었다. 돔 구조의 지붕은 수많은 토의와 연구, 시도의 결과이다.
경사지붕과 돔이 만나는 부분의 디테일과 돔 지붕의 결로 문제도 해결해야 할 과제였다. 목조주택에서 가장 큰 비중을 두어야 하는 것이 바로 수분관리이기 때문이다. 돔 부분의 프레임도 고민거리였으나 각관을 밴딩 용접하여 형태를 만들고 합판을 덧대어 해결하였다.

거실 내부에는 양쪽으로 뻗은 계단이 중앙에서 모여 2층과 연결되도록 하였다. 예비 신랑신부가 다른 계단으로 올라와서 손을 잡고 2층으로 올라가는 그림을 그린 것이다. 결혼을 하게 된 두 사람의 만남과 발자취를 표현하는 형태라고 할 수 있다.

2층에서도 거실을 내려다볼 수 있도록 하고 기둥과 아치로 화려하게 마무리하였다. 일반적인 주택을 바라보는 시선에서는 너무 화려하여 거부감이 들 수도 있겠지만, 웨딩 촬영을 위해서라면 목적을 충실히 완성해내는 주택임에 틀림없다.

웨딩 촬영을 위한 공간을 겸하고자 화려함을 뽐내는 형태로 디자인된 원주 주택.

너른 마당 곳곳과 건물의 외관 어디서나 아름다운 장면을 연출할 수 있다.

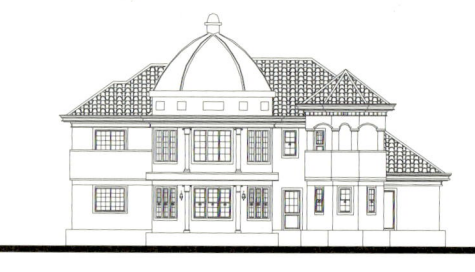

정면도

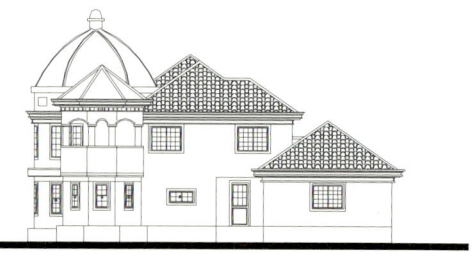

우측면도

목조주택에 돔 형태를 시도하는 것은 쉽지 않은 도전이었지만 그간의 노하우와 열띤 노력으로 어렵지 않게 완성해내었다.

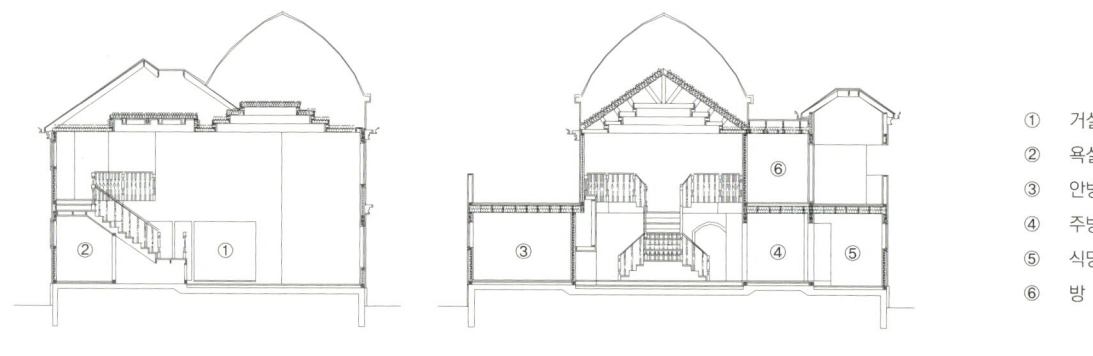

① 거실
② 욕실
③ 안방
④ 주방
⑤ 식당
⑥ 방

단면도

역시나 일반 주택에 비해서 화려하게 치장된 실내. 좌우대칭형의 계단과 둥근 천장이 눈길을 사로잡는다.

실내 촬영의 포인트 역할을 톡톡히 해낼 중앙 계단은 예비 신랑과 신부가 서로를 만나 하나가 된다는 의미가 깃들어 있다.

뷰가 좋은 모서리면에 팔각의 공간을 따로 계획하여 식당으로 삼았다. 핑크빛 컬러와 엘레강스한 가구들로 꾸며 색다른 이미지를 완성하였다. 침실에도 벽면을 따라 큼지막한 창을 계획해 전체적으로 어느 방에서나 햇살이 쏟아진다.

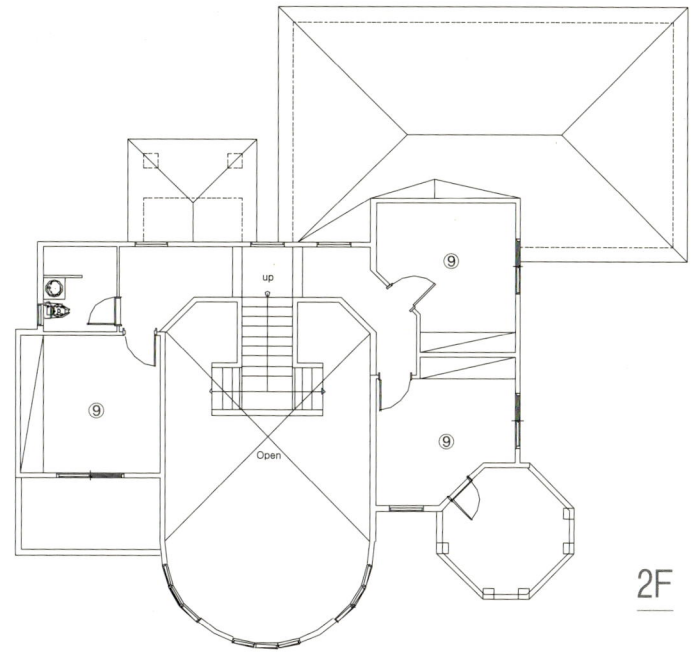

평면도

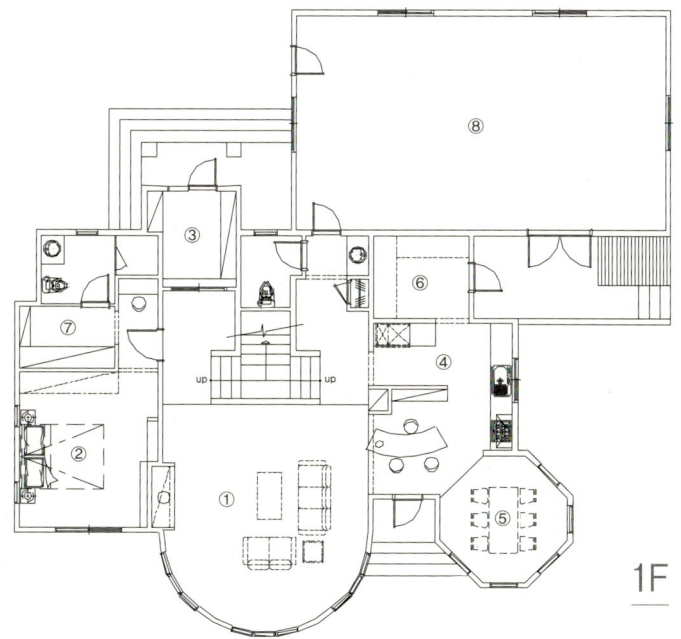

2F

1F

① 거실
② 안방
③ 현관
④ 주방
⑤ 식당
⑥ 다용도실
⑦ 드레스룸
⑧ 창고
⑨ 방

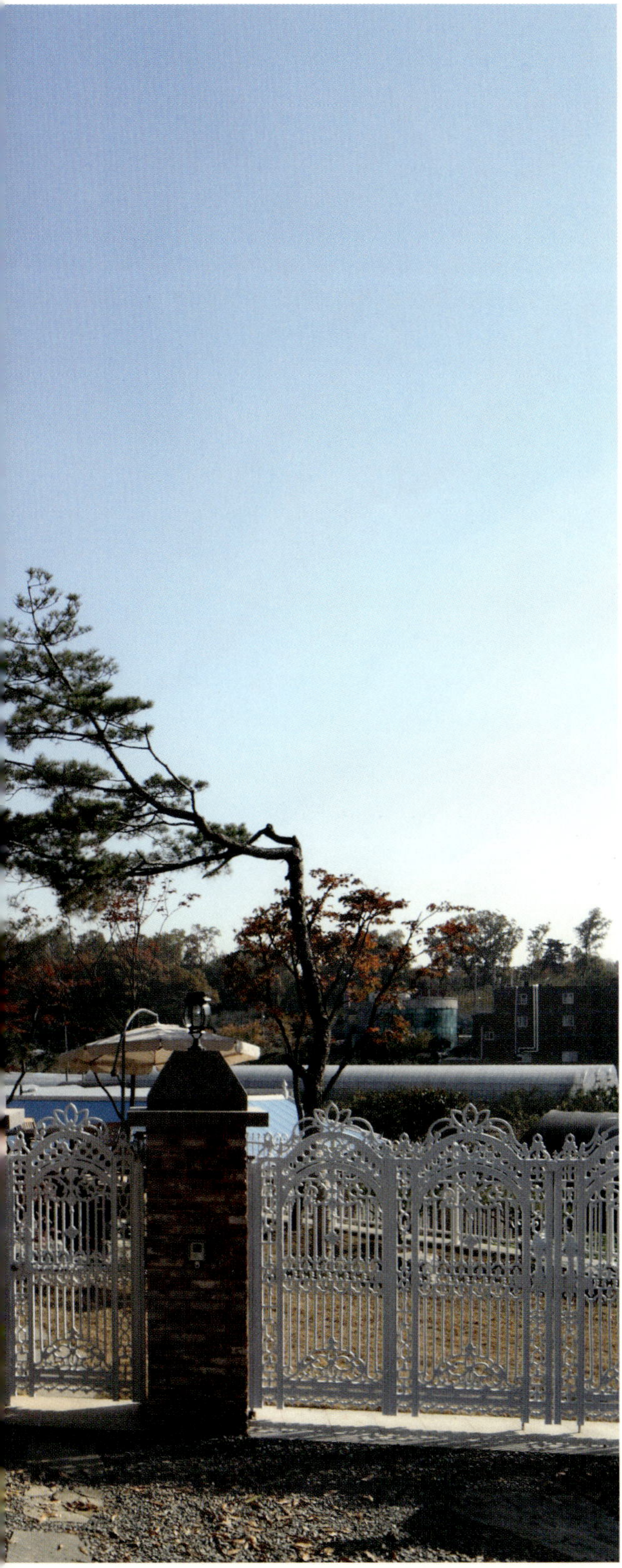

Wood Framed House 05

생활에
업무공간을
더한 집

인천 유로피안 스타일 하우스

대지위치	인천시 남동구 수산동
건물규모	지상 3층
대지면적	441.8㎡(134평)
건축면적	111.1㎡(34평)
연면적	235.6㎡(71평)
건폐율	24.9%
용적률	52.8%
주차대수	2대
공법	경량목구조
단열재	그라스울
창호재	스윙 3중창호
외부마감	스터코, 테라코플렉스, 고벽돌, 스페니쉬기와
내부마감	실크벽지, 폴리싱타일, 강화마루
설계 및 시공	㈜나무와좋은집

인천
유로피안 스타일 하우스

20년간 무역업에 종사해온 건축주는 노후를 보낼 전원주택과 사업장을 연계시킬 수 있는 건물을 고민하던 중, 3층 규모의 주택을 짓기로 마음먹었다. 직원들의 출퇴근을 고려해 부지를 선정하고 1층에는 사무실을, 2~3층에는 가족이 사용하는 주거공간을 마련한 것이다.

'화려한 유로피안 스타일의 주택 외관, 사무실과 단독주택의 조화로운 설계, 넓은 정원'이라는 세 가지의 조건을 만족시키는 설계자를 찾던 중 어렵사리 필자와 만나게 되었다. 고급주택을 선호하는 대부분의 건축주들과 마찬가지로 부부는 계획적이고 치밀한 준비성을 보여주었다. 더불어 건축에 대한 사전 지식도 풍부해 설계는 빠르게 진행되었다. 반면 부지가 얼마 전까지 개발제한구역이었던 탓에 기반시설 준비와 토목 등 몇 가지 어려움이 있어 애를 먹었다. 또한 넓은 정원을 확보하면서 사무실과 주택을 모두 넣기 위해서는 1층에서 3층까지 수직으로 올라가는 형태가 가장 효율적인데 여기에 유럽풍 스타일을 어떻게 접목시킬 것인가가 관건이었다.

대지는 장방형의 길쭉한 모양으로 면적대비 효율성을 높이는 데 가장 큰 중점을 두었다. 항상 나무를 가꾸고 정원 관리가 취미인 건축주를 위해 마당을 최대한 살리는 방향으로 배치 계획을 잡았다. 그 결과 건물은 도로로부터 가장 안쪽에 놓이게 되었다. 전체적인 디자인은 붉은색 점토기와와 스터코

가 조화를 이루는 유럽풍의 외관을 강조했다.

1층의 사무실과 2, 3층 주거 공간을 효과적으로 연결하는 것도 과제였다. 각각이 독립적이면서도 사용의 편의를 높여달라는 건축주의 요구를 해결해야 했기 때문이다. 그 결과 사무실 내부에서 주택으로 올라갈 수 있도록 하고 계단 중간에 문을 달아서 독립성을 확보하는 방식을 취했다. 외부 출입문은 사무실과 주택의 출입동선을 달리하고 싶다는 집주인의 의견을 따라 앞뒤로 분리하였다.

2층에서는 화려한 거실이 가장 먼저 눈에 띈다. 적절히 분할된 전면창은 높은 층고의 거실에 환한 조도를 유지시켜주고, 벽면에 걸린 부조가 건축주의 취향을 드러낸다.

주방은 건축주의 바람대로 안주인이 원하는 모든 요소를 조건 없이 반영하였다. 주방 안쪽에 다용도실을 크게 만들어 냉장고와 수납을 모두 해결하여 깔끔함을 유지할 수 있도록 하였다. 식당 앞쪽과 측면에는 외부로 베란다를 두어, 앞쪽으로는 마을의 전경이 보이고 우측으로는 주택의 출입구와 정원이 보인다. 우측 베란다 안쪽에는 와인 저장고가 있는데, 아파트에 거주할 때도 방 한 칸을 와인창고로 사용하였던 부부의 취미를 설계에 적극 반영한 결과다.

3층에는 부부침실과 욕실, 드레스룸이 있다. 보통 거실과 부부침실이 같은 층에 배치되는 경우가 많은데, 이 주택의 경우 자녀방이 거실과 함께 있다. 복층주택을 계획할 때 아래층에 거실, 주방을 두고 위층에 침실을 매치하면 겨울철 대류현상에 의한 대기변화의 효과를 톡톡히 볼 수 있다. 주로 낮에 생활하는 거실과 주방은 햇빛으로 인하여 따뜻하고 해가 지면 거실의 따뜻한 기온이 위로 올라가서 침실에서 따뜻한 밤을 보낼 수 있다.

밝은 색상의 스터코와 선명한 컬러의 스페니쉬기와에 빨간 어닝을 더해 유럽풍 스타일을 완성한 주택.

정면도

배면도

좌측면도

우측면도

업무공간과 생활공간으로 꾸며진 건물임에도 눈에 띄는 외관 덕분에 종종 상업시설로 오해하고 문을 두드리는 이들이 적지 않다.

인천 유로피안 스타일 하우스

전면창을 통해 쏟아지는 햇살로 화려함을 뽐내는 2층 거실. 한쪽 벽을 채우고 있는 부조와 시계, 벽난로까지 모두 건축주 부부가
오랜 시간 고심하고 직접 선택한 아이템들이다. 또한 각각의 욕실 인테리어와 계단의 단조주물 손잡이까지 꼼꼼히 신경 썼다.

안주인의 취향을 십분 반영한 주방 및 식당. 다용도실을 넓게 내어 냉장고를 안쪽으로 배치하는 등, 수납에 특히 신경을 써서
항상 깔끔한 상태를 유지할 수 있도록 하였다. 또 주방 바깥의 마당이 내다보이는 발코니에는 테이블을 설치하고 안쪽에는 술을
저장할 수 있는 창고를 따로 마련해 부부 공동의 취미에 도움이 되도록 신경썼다.

⌂ 평면도

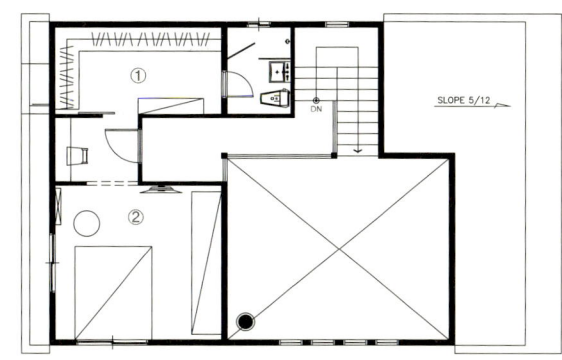

3F

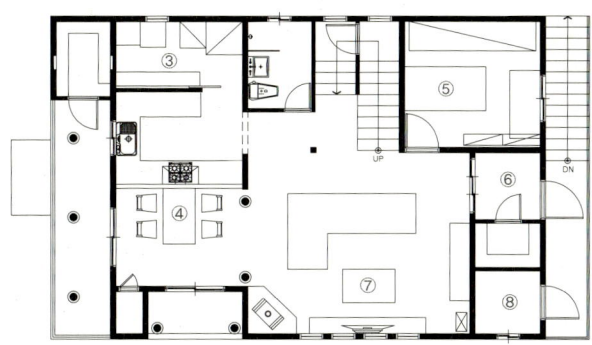

2F

① 드레스룸
② 안방
③ 다용도실
④ 주방 & 식당
⑤ 방
⑥ 현관
⑦ 거실
⑧ 보일러실
⑨ 창고
⑩ 포장실
⑪ 사무실

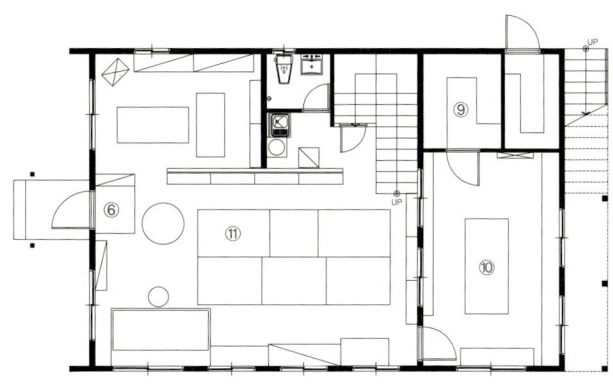

1F

Essay 3

목구조에 대한 오해와
진실

주변에서 들은 이야기나 일반적으로 알고 있는 나무의 특징을 바탕으로 '목구조건물은 이럴 거야' 라고 생각하여 오해하는 측면들이 몇 가지 있다. 그러나 수백 수천 년간의 인류 역사상 가장 보편적인 건축 구조물로써 이어져온 데는 그만한 이유가 있을 터. 목구조에 대한 잘못된 편견들과 그 진실에 대해 짚고 넘어갈 차례다.

목조주택은 오래 가지 못한다?

본래 목조주택은 100년 이상 가는 주택이다. 일부 사찰이나 궁궐을 보면 몇 백 년이 흐른 후에도 건재한 것을 볼 수 있다. 단 그러기 위해서는 충분히 건조된 목재를 사용해야 하며, 수분침투를 효과적으로 막아야 하고 해충의 피해를 입지 않도록 하는 등의 여러 가지 조건을 충족시켜야 한다.

필자가 어릴 적, 제대로 건조도 하지 않은 나무로 주택을 짓는 것을 본 적이 있다. 곳곳에 벌레까지 먹은 나무를 대충 말려서 집을 지었다. 건조도 되지 않은 나무에 황토를 물에 개어 덕지덕지 발랐다. 물론 환기 장치도 없었고 군데군데 도금이 되지 않은 못까지 박아 지은 집이었다. 그렇게 지은 주택을 25년이 지나 허물게 되었는데, 참으로 놀라운 광경을 보았다. 처마 끝은 노출이 되어 썩었으나 지붕을 걷어낸 곳의 나무는 말짱한 모습 그대로가 아닌가. 못은 다 녹슬고 자생하던 벌레가 구멍을 뚫고 지나간 자리도 선명한데, 나무는 아직도 생생하게 구조체 역할을 해내고 있었다.

하물며 좋은 나무를 조림하고 과학적으로 관리하여 컴퓨터로 제재하고, 건조시켜 방충 처리한 목재로 짓는 현대식 목조주택이라면 몇 백 년이 흘러도 그대로여야 하는 것은 당연하지 않을까. 우리나라는 경골목구조의 역사가 짧아서 오래된 일반 목조주택을 흔히 볼 수는 없지만, 유럽 등지에는 100년 이상 된 목조주택을 흔하게 볼 수 있는 이유다.

목조주택은 화재에 약하다?

불이 났을 때의 피해는 어느 부분에서 가장 치명적일까. 많은 이들은 화염일 것이라고 생각하지만 화재 시에 사망의 직접적인 원인이 불에 있는 경우는 5% 내외이다. 나머지는 화재 시 나오는 유독가스로 인한 질식사인 경우가 대부분이고, 다음으로는 건물의 붕괴가 가장 큰 이유이다.

목조주택이 화재에 강하다고 하는 것은 유독가스가 다른 구조에 비해 적게 발생하기 때문이다. 나무는 불에 타더라도 유독가스를 발생시키지는 않는다. 또한 생각처럼 화재에 쉽게 붕괴되지 않는다. 표면은 까맣게 타지만 심재는 그대로 남아 구조체를 지탱한다. 화재 시 가장 취약한 구조는 되려 스틸구조물로 지은 건물이다. 철의 경우 650℃가 넘으면 구조체로서의 역할이 불가능해 붕괴된다. 경량목구조 주택은 기둥과 기둥 사이에 불연재를 넣고 내부에는 석고보드를 시공하기 때문에 화재 시에도 구조체에 전이되는 시간이 오래 걸려 인명 피해를 줄일 수 있다.

목조주택은 벌레에 약하다?

나무를 갉아먹는 해충은 대부분 건조 과정에서 박멸된다. 국내에 들여오는 목재의 경우 건조 과정에서의 열기로 인하여 해충과 해충알이 모두 죽기 때문이다. 흰개미를 걱정하는 이들이 있으나 국내에서는 흰개미가 거의 발견되지 않는다. 흰개미 우려 시에는 붕산 또는 최근에 개발된 관련 억제제를 집주위에 뿌리거나, 외국의 경우 시공 시 개미가 올라오지 못하도록 철물을 시공하여 방지하기도 한다.

목조주택은 지진에 약하다?

목조주택은 지진에 가장 강한 건축물이다. 이는 구조체 하나하나가 못으로 연결되어 외부의 충격을 효과적으로 흡수하기 때문이다. 또한 나무 자체가 경직되지 않고 유연한 자재이기 때문이기도 하다. 주위에 망치가 있다면 나무토막을 세게 내리쳐보라. '팅' 하고 튕길 뿐 쉽게 부러지지 않을 것이다. 반면 벽돌에 힘껏 내리쳐보면 아마 쉽게 두 동강이 날 것이다. 가까운 일본이 목조로 된 집을 많이 짓는 것은 잦은 지진에서 살아남기 위한 선택인 것이다. 강도 7.4의 고베지진 때 많은 콘크리트 구조물이 붕괴되어 다수의 사상자가 발생하였지만, 목조주택의 경우 구조와 외관이 멀쩡한 형태를 유지하고 있었다는 것은 놀라운 사실이다.

목조주택은 물에 약하다?

맞는 말이다. 목구조 건물에서 가장 주의할 점은 바로 물이다. 초창기 국내 목조주택은 외국의 기술자들이 들어와 직접 지었다. 이때 문화와 환경의 차이를 제대로 이해하지 못한 외국기술자들이 방수계획을 철저히 세우지 않아 목조주택에서는 물을 쓰면 안 된다는 등의 많은 오해를 샀다.

외국의 경우 욕실은 대부분 건식의 경우가 많고 일반적으로 샤워만 간단히 한다. 외국의 호텔 바닥에 타일이 깔려 있어도 문턱이 없는 이유는 욕실에서 물을 많이 쓰지 않기 때문이다. 이렇다 보니 방수가 거의 생략된 채로 시공하는 경우가 많아 국내에서는 문제가 생기기 일쑤였다. 물론 지금의 목조주택은 한국인의 특성을 고려하여 방수를 철저히 한다.

목조주택에서 방수만큼은 완벽하게 계획해야 한다. 물론 방수보다도 중요한 것은 구조이다. 부실하고 안정적이지 못한 구조체에는 아무리 방수를 잘해도 방수에 균열이 가서 결국에는 깨어지게 되어 있다.

---

plus 》 비에 대처하는 목조주택의 자세

건축을 하는 사람에게 비는 항상 두려운 존재다. 이는 목조주택뿐만 아니라 철근콘크리트 주택도 마찬가지다. 콘크리트 건물은 물에 강할 것 같지만 천만의 말씀이다. 오히려 슬래브(평지붕)주택이나 지붕 없는 발코니 등에서 누수는 더 큰 근심거리가 된다.

그러나 비가 많이 올수록 목조주택의 고유 장점 중 하나를 발견하게 된다. 바로 수분을 흡수하고 배출하는 목재의 특징. 즉, 장마철 습기가 많을 때는 수분을 흡수하여 실내를 뽀송뽀송하게 해주고 건조한 겨울철에는 반대로 수분을 토해내어 감기를 예방해주는 것이다.

반면 목조주택의 가장 큰 약점은 물이 고였을 때다. 나무가 물에 지속적으로 노출되고 환기가 어려울 경우, 시간이 지나면 반드시 썩게 된다. 이에 대한 해법은 우리 옛집의 처마에서 찾을 수 있다. 성능 좋은 방수재보다 물을 더욱 쉽고 확실하게 다스리는 방법은 물이 고이지 않고 흐르게 하는 것이다. 선조들이 지붕에 경사를 주고 처마를 길게 낸 것은 이를 극복하려는 자연스런 방법이었던 것이다. 건축기술과 자재의 발달로 최근에는 처마도 지붕도 없는 사각형의 주택이 선호를 받지만, 사실 가장 좋은 방식은 처마가 있는 전통주택이다.

건축자재는 그 지방의 특색이나 기후조건에 맞추어 제작, 사용된다. 그런데 갑작스럽게 많은 비가 오면 그동안의 강수량이나 온도를 데이터를 기반으로 쓰인 자재가 대항을 못하는 것이다. 기본으로 돌아가 지붕은 경사를 주어 자연스럽게 물이 흘러내도록 하고 처마를 길게 내고, 대지는 돋우어 비가 집안으로 들이치지 않도록 하는 것이 가장 현명한 방법 중 하나다.

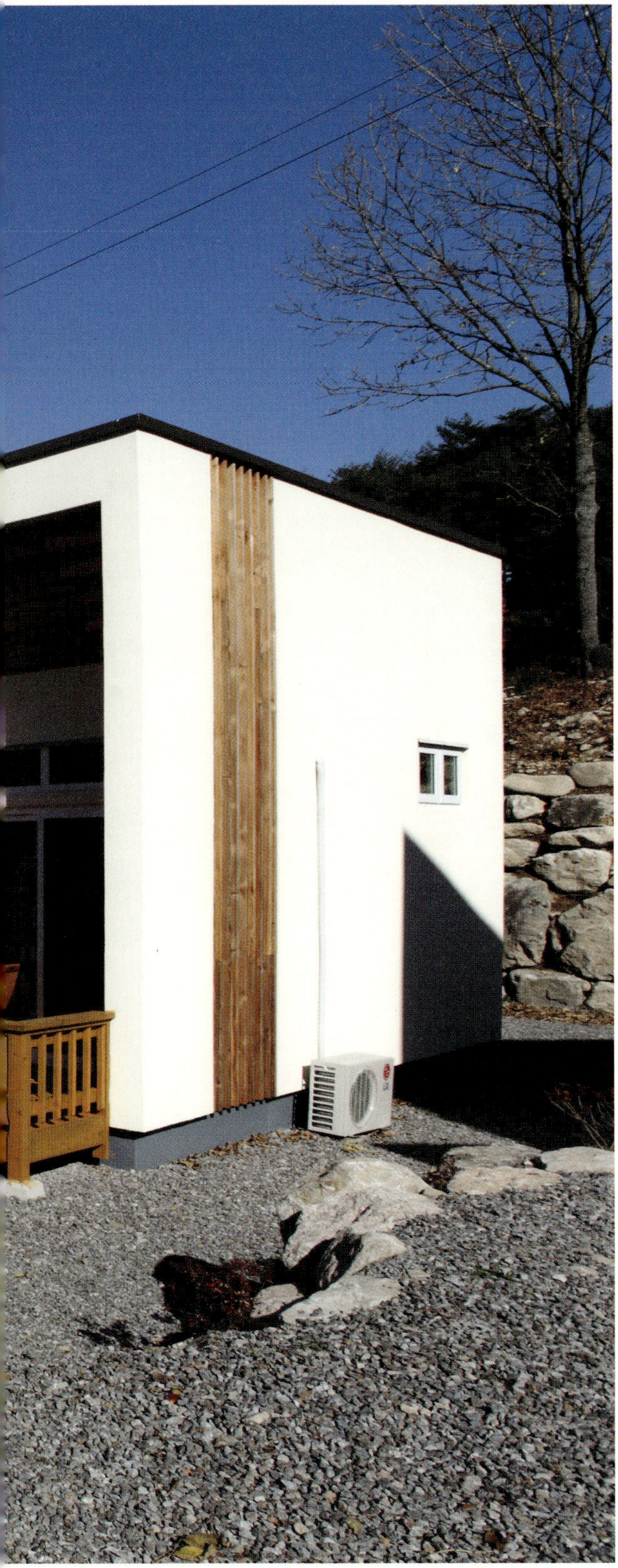

Wood Framed House 06

건축주의
감각이 빛나는
색다른 공간

인제
리뮤 게스트하우스

대지위치	강원도 인제군 북면 용대리 10
지역지구	계획관리지역
용도	게스트하우스
건물규모	지상 2층, 6개동
대지면적	7,715.00㎡(216평)
건축면적	240.89㎡(73평)
연면적	272.32㎡(82평)
건폐율	3.12%
용적률	3.53%
주차대수	6대
공법	경량목구조
외부마감	스터코, 적삼목, 아스팔트싱글
내부마감	실크벽지
설계 및 시공	㈜나무와좋은집

인제
리뮤 게스트하우스

강원도 인제에 게스트하우스(Guest house)를 짓겠다며 찾아온 젊은 건축주 부부. 그 지역에 이미 펜션이 포화상태가 아닌가 싶어 내심 걱정이 되었으나 건축 상담을 하다 보니 내 생각이 틀렸다는 것을 알 수 있었다.

보통 펜션 건축을 의뢰하는 대부분은 저렴하게 짓고 객실을 많이 넣어 오로지 운영수익에만 초점을 맞추는 경우가 많은데, 부부의 생각은 달랐다. 기존의 펜션 건물들과는 차별화된 디자인과 평면구성, 특히나 친환경적인 건축소재와 모던한 디자인의 만남을 고민하고 있었다.

넓은 부지 역시 '리뮤'를 위해 준비된 토지 같았다. 게스트하우스는 각 공간마다 단독형에 박스(Box) 스타일로 설계되었다. 보통의 목조주택은 경사지붕이 있는 화려한 디자인이 대부분인데 비하여 '리뮤'의 건축주는 박스형 구도에서 크게 벗어나지 않길 바랐다.

시대의 흐름에 맞추어 목구조 방식을 택한 것도 즐거운 일이다. 그동안 모던 스타일(Modern style)을 여러 채 계획하고 지어봐서 디테일에 자신이 있었다. 특히나 목조주택은 지붕구조에 있어서 최근의 트렌드인 경사 없는 평지붕에 적용하기 어려운 건축 구조다. 나무의 특성상 지붕과 처마가 있어야 비흘림이 가능해 구조체에 수분이 침투되지 않기 때문이다.

세계적으로도 목조건물에서 평지붕 모양의 디자인을 찾아보기 어려운 이유도 여기에 기인한다. 방수가 문제가 생기면 두고두고 골칫거리가 된다. 아무리 좋은 방수제라도 한번 시공으로 평생을 보장하는 방수는 없다.

리뮤에 적용된 지붕구조는 겉보기에는 박스형의 평지붕처럼 보이지만 속을 자세히 들여다보면 경사지붕이다. 비가 내리면 고이는 게 아니라 자연적으로 지붕을 타고 흘러내리는 구조다.

그렇다면 경사지붕만으로 모든 것이 해결될까? 그렇지 않다. 경사지붕의 또 다른 문제는 결로 관리에 포인트가 있다. 공기의 흐름 구조를 잘 이해하지 못하면 겨울철과 장마철에 또 다른 난제에 봉착하게 된다. 방수보다 어려운 것이 결로이다. 방수는 장마철이나 비가 올 때만 신경 쓰면 되지만 결로는 겨울철 내내 나타날 수 있으며, 결로에서 그치는 것이 아니라 곰팡이로 이어진다. 콘크리트주택의 노출된 외벽에 곰팡이가 많은 이유는 결로 때문이다. 하지만 목조주택은 이와 달리 단열이 잘될수록 열교에 의한 결로 현상이 줄어들어 곰팡이를 찾아보기 힘들어진다. 또한 목재 자체가 습도 조절을 하는 효과가 있어 스스로 수분관리가 가능하다.

리뮤에는 방수와 결로에 대한 '나무와좋은집'만의 노하우가 숨어 있다. 겉보기에는 평범한 구조에 쉽게 지은 집처럼 보일지 몰라도 다년간 축적된 실패와 경험이 담겨 있는 집이다.

별채 형식으로 구분된 각 객실마다 테라스가 마련되어 있다.

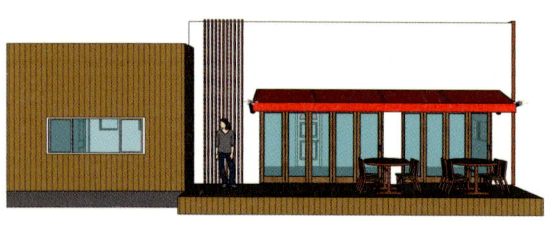

카페동

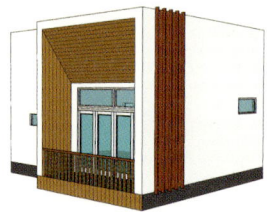

D동

C동

A동

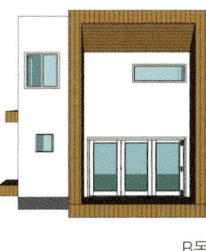

B동

가장 좌측의 카페동을 기준으로 각각 다른 스타일의 객실들이 늘어서 있다. 단층과 복층으로 이루어진 독채형 객실들은 모던한 내외부 디자인이 특징이다.

▲▲▲ 건축주 부부가 운영하는 카페. 전면으로 너른 데크를 두어 외부 테라스로 활용하고 있다.

단층형 객실의 실내. 스킵플로어 형식으로 계획하여 침실을 분리시켰다.

복층형의 객실 실내. 널찍한 거실과 주방을 아래층에 배치하고 프라이빗한 성격의 공간을 2층에 두었다.

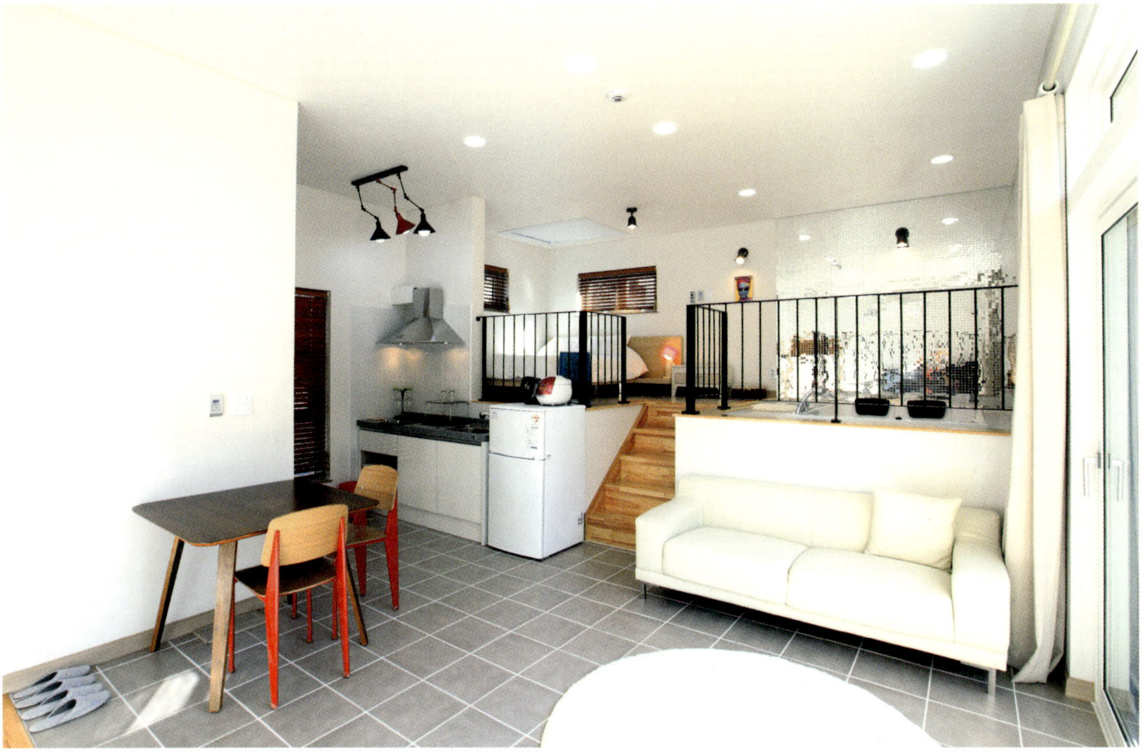

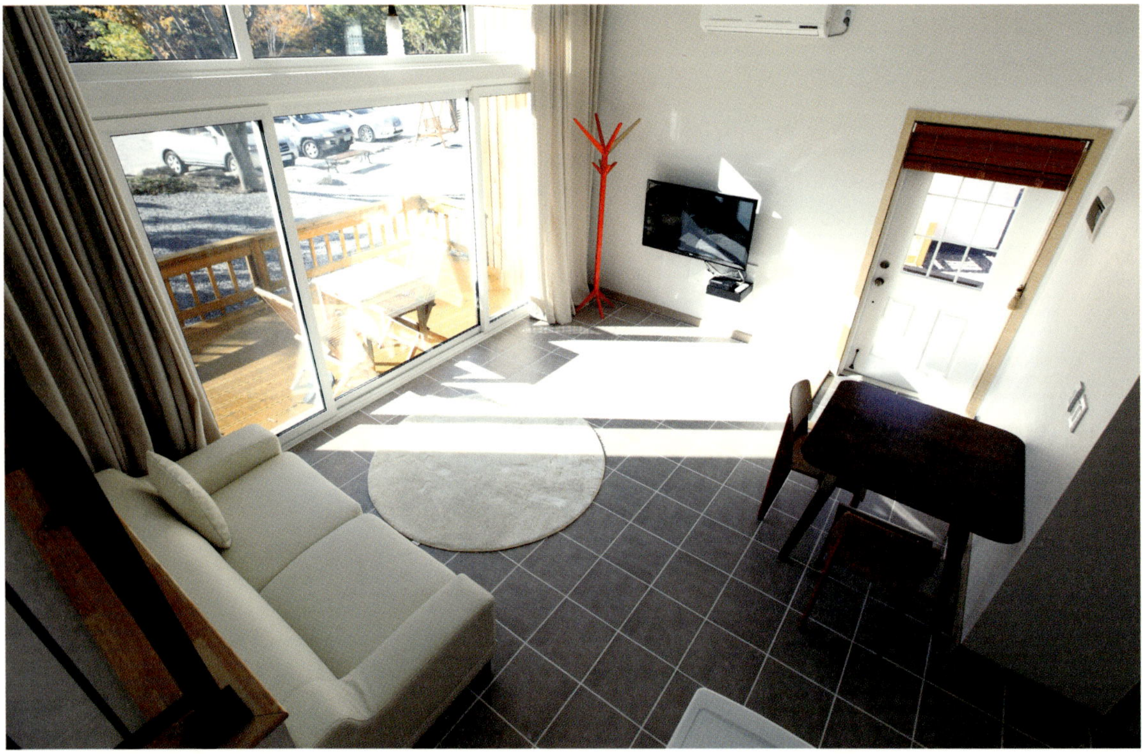

▲▲▲ 따스한 햇살이 가득찬 객실 전경. 매입형 월풀욕조를 배치했다.

🏠🏠🏠 시원스런 공간감이 돋보이는 스킵플로어형 객실 내부.

인제 리뮤 게스트하우스

평면도

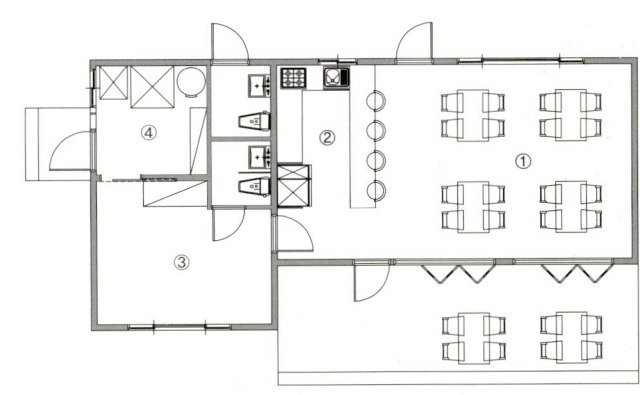

카페동 **1F**

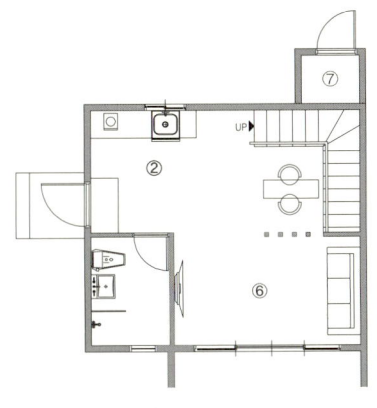

B동 **1F**

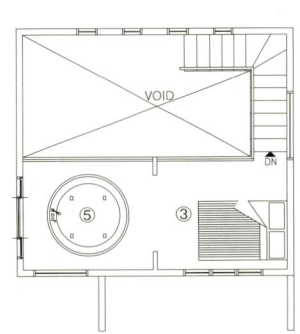

B동 **2F**

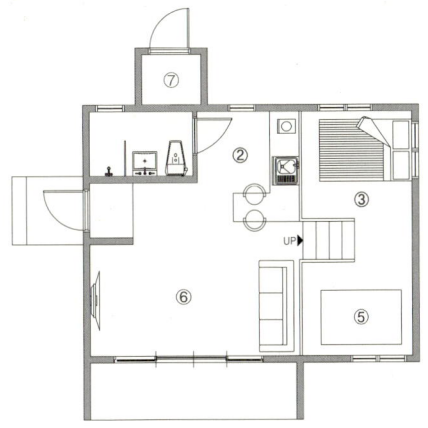

C동 **1F**

① 홀
② 주방
③ 침실 or 방
④ 다용도실
⑤ 스파
⑥ 거실
⑦ 보일러실

청평호
물줄기에 자리한
고즈넉한 쉼터

가평
히어앤나우펜션

대지위치	경기도 가평군 가평읍 호반로 1698-59
지역지구	계획관리지역
용도	펜션
건물규모	지상 3층
대지면적	666.00㎡(201평)
건축면적	145.05㎡(44평)
연면적	393.66㎡(119평)
건폐율	21.78%
용적률	59.11%
주차대수	2대
공법	1층 - 철근콘크리트구조
	2~3층 - 경량목구조
외부마감	스터코, 점토CS기와
내부마감	타일, 강화마루, 도배, 스프러스루버
설계 및 시공	㈜나무와좋은집

가평
히어앤나우펜션

인근의 경치는 무척이나 좋지만 건축 작업은 어려웠던 현장이다. 대지의 일부는 법면으로 이루어져 있고 일부는 축대가 쌓여 있어 실면적은 300㎡에 불과했다. 산과 연결된 법면은 절개공사를 하여 토사와 잡석들이 흘러내리고 강과 접한 석축은 허술하게 공사를 하여 위험하기 그지없었다. 부지의 경계는 산마루에서 시작되어 경사지가 상당 부분을 차지하고 있었고, 강가 쪽의 경계는 축대를 넘어 강의 일부가 되어 있었다. 땅의 모양도 길쭉한 형태여서 설계 초안을 잡는데 어려움이 많았다. 우선 절개지를 활용하지 않으면 건물을 지을 공간이 거의 없어 보였다. 상수원 보호구역이다 보니 정화조의 크기도 한몫을 차지하였고, 주차공간도 확보해야 했다.

절개지는 합벽으로 공사를 결정하였고, 건물 앞쪽의 축대는 나무 데크로 길을 만드는 방향으로 잡아갔다. 보통 합벽공사는 많은 위험을 동반한다. 구조적인 것은 차치하고라도 방수와 내부 결로의 문제까지 해결해야 하는 사안이다. 작업을 할 수 있는 공간도 확보하기 어려워 절개지를 거푸집 삼아 콘크리트 공사를 하고 내부에는 방수와 이중벽을 설치하였다.

이런 노력에도 불구하고 일부 합벽에 붙은 화장실 타일에서는 약간의 결로가 발생하였다. 타일의 성질이 차가워 생기는 현상이었다. 환기를 자주 하여 해결하는 방법이 최적의 대안이 되었다. 정화조 공사는 건축물의 일부가 카페로 사용되는 관계로 20ppm에 3톤, 여기에 콘크리트박스공사까지 해야 했다. 공간도 협소하였지만 흙을 걷어내자마자 암반층이 나와서 고생을 많이 했다.

건축을 진행하다보면 항상 예기치 않은 복병을 만나게 된다. 복병을 만나 큰 전쟁을 치르고 나면 본 게임은 의외로 쉽게 끝나기도 한다. 많은 노력과 고민을 바탕으로 결국에는 마음에 드는 건물을 완성하였으니 뿌듯함이 배가 되는 사례이다.

물가에 자리잡아 고즈넉한 분위기를 뽐내는 펜션 전경.

가평 히어앤나우펜션

좌우 측면에서 바라본 펜션. 강을 향해 널찍하게 배치한 데크와 발코니에서 내다보이는 주변 풍광이 운치 있다.

 건축주 가족이 생활하는 공간은 일반 가정집 스타일로 시원스럽게 꾸몄다.
다양한 규모의 각 객실은 공간 활용도를 높일 수 있도록 가구와 소품을 적절히 배치하였다.

평면도

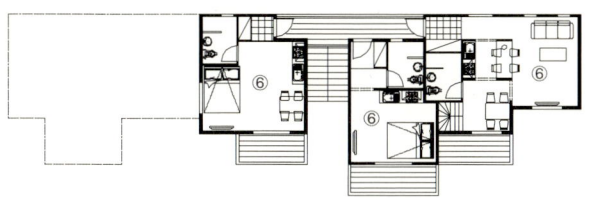

3F

① 카페
② 바비큐장
③ 거실
④ 주방
⑤ 방
⑥ 객실

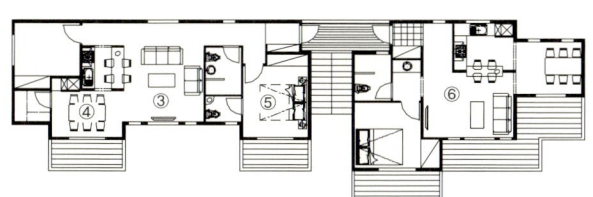

2F

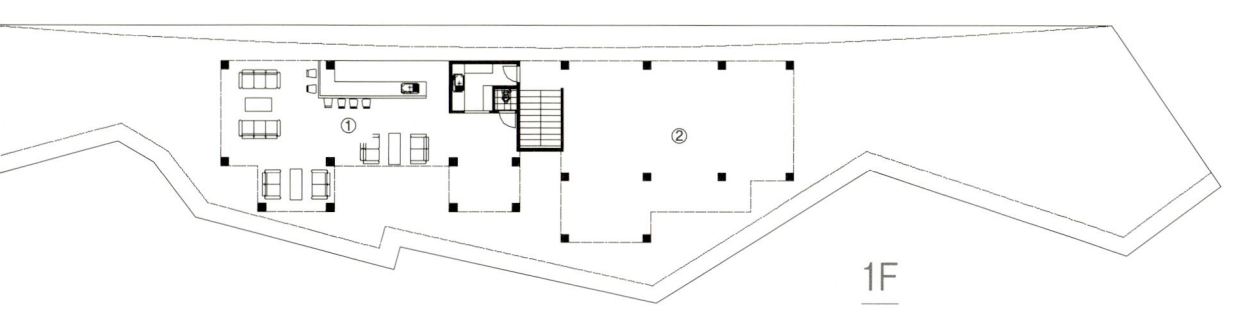

1F

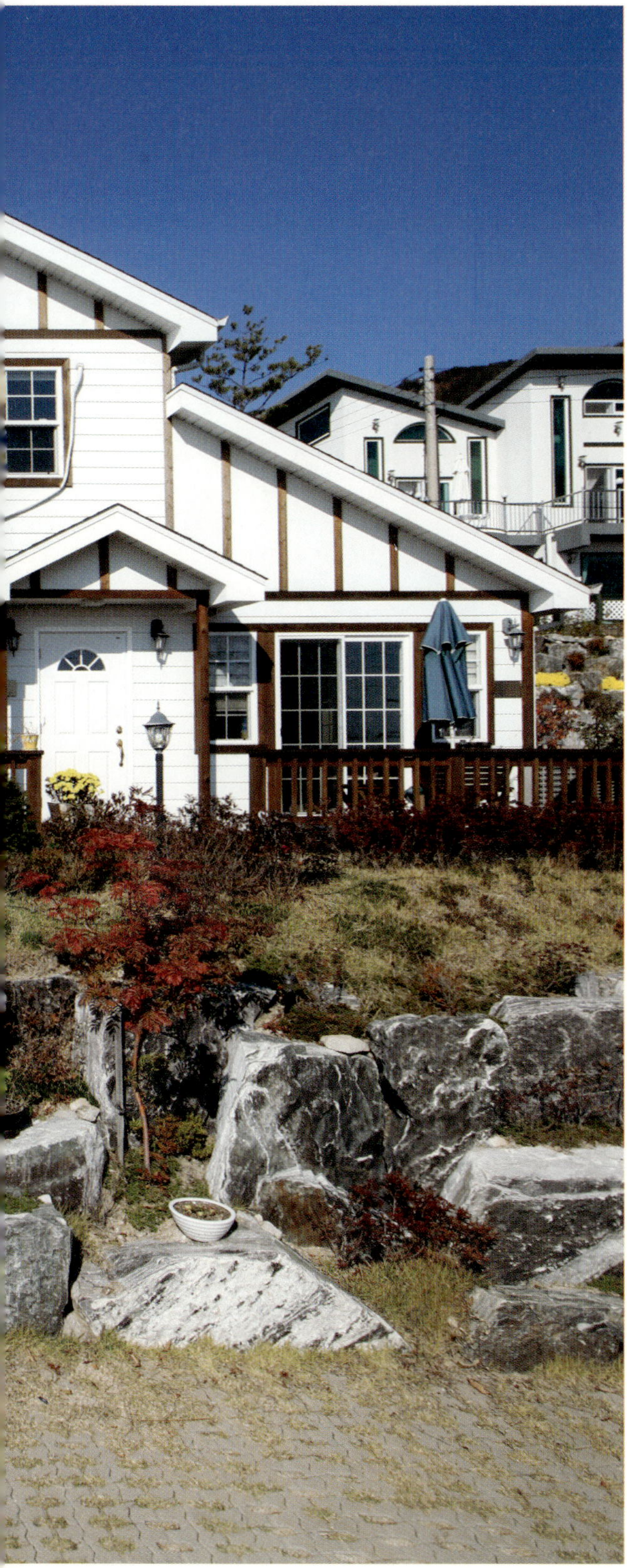

Wood Framed House 08

아내의 꿈을 이루어 주기 위한
남편의
사랑이 깃든 집

석모도 스텔라펜션

대지위치	인천시 강화군 삼산면 삼산남로 762-15
지역지구	계획관리지역
용도	펜션
건물규모	지상 2층
대지면적	1,226.00㎡(371평)
건축면적	132.62㎡(40평)
연면적	189.49㎡(57평)
건폐율	10.82%
용적률	15.46%
주차대수	5대
공법	경량목구조
외부마감	시멘트사이딩, 아스팔트싱글
내부마감	실크벽지
설계 및 시공	㈜나무와좋은집

석모도
스텔라펜션

바닷가에 집을 짓고 살고 싶다는 아내의 오래된 꿈을 이루어주기 위해 땅을 사고, 그곳에 아름다운 건물을 짓고 싶다며 찾아온 건축주. 펜션의 이름도 아내의 세례명을 따서 '스텔라'라고 지은, 한 남자의 아내에 대한 지극한 사랑이 깃든 집이다.

확 트인 바닷가 전망을 마주하고 있는 이 펜션은 서해바다를 실컷 즐기기에 좋은 곳에 위치하고 있다. 우선 커플들을 대상으로 하는 작은 객실 5개가 기본적으로 필요했으며, 건축주 가족을 위한 공간을 따로 만들어야 했다. 더불어 바비큐장도 바닷가 풍경을 즐길 수 있는 곳에 두었다.
건설업에 관련된 일을 하는 건축주인 경우, 집짓는 과정에서도 작업이 빠르고 쉽게 진행되는 편이다. 일일이 설명하지 않아도 서로 이해하는 부분이 많기 때문이다. 스텔라펜션의 건축주도 도시계획업을 하는 분이어서 집짓는 과정상의 의사소통이 매우 편안했다. 조경 부분에서는 직접 계획을 세우기도 했는데, 아내를 위한 마음으로 마당의 수종 하나하나를 일일이 선별해가며 계획하였다.

석모도는 강화도 선착장에서 보면 바로 코앞에 있는 섬이지만 배를 타고 들어가야 하는 곳이다. 고작 5분 정도의 거리이긴 하나, 배를 타야 갈 수 있다는 것만으로 작업에는 부담이 있었다. 운반비도 추가로 더 들었고, 배시간도 항상 잘 맞추어 움직여야 했다. 자재를 실수로 빠뜨리는 일도 가능한 없도록 더욱 신경 써야 했고, 일이 늦어져 배시간을 제때 못 맞춰서 나오기라도 하면 어쩌나 하는 생각에 작업자들이 조금은 난감해하던 사례였다.

5개의 커플형 객실로 이루어진 스텔라펜션. 각 실마다 널찍한 데크와 발코니가 전면으로 자리해 있다.

정면도

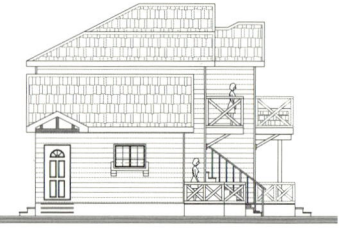

좌측면도

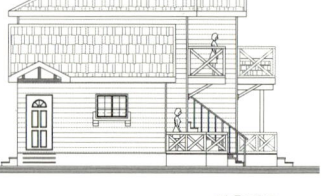

정면에서 바라보면 우측으로 건축주 가족을 위한 주거공간이 따로 마련되어 있다. 자연석으로 석축을 쌓고 디딤돌을 둘러 견고한 느낌을 더했다.

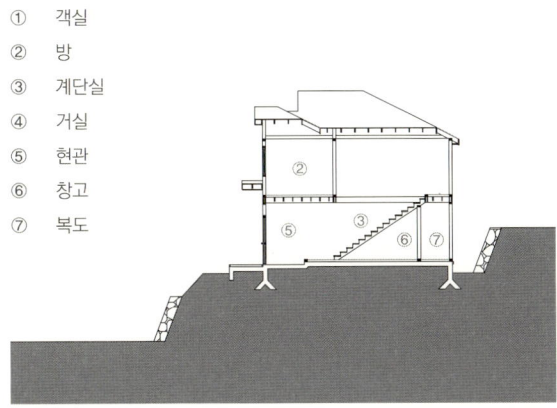

① 객실
② 방
③ 계단실
④ 거실
⑤ 현관
⑥ 창고
⑦ 복도

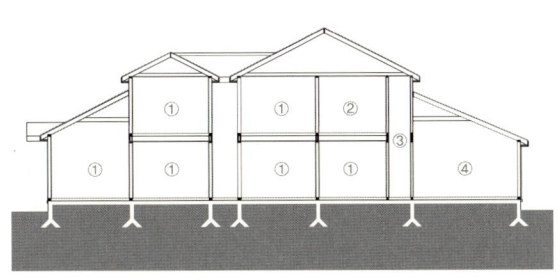

단면도

객실의 내부는 간결하다. 전면의 큰 창을 통해 마당과 바다가 내다보인다.

평면도

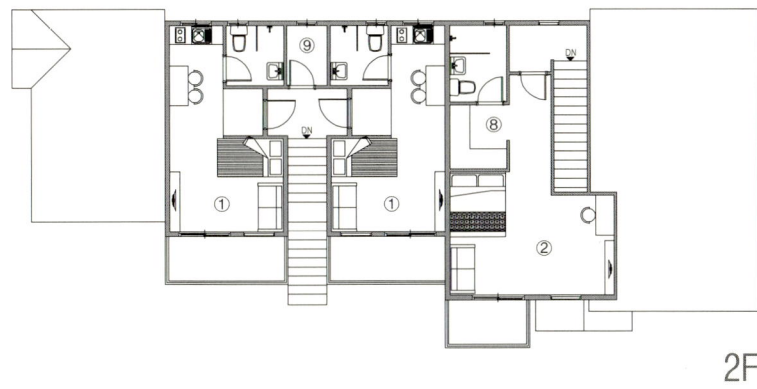

2F

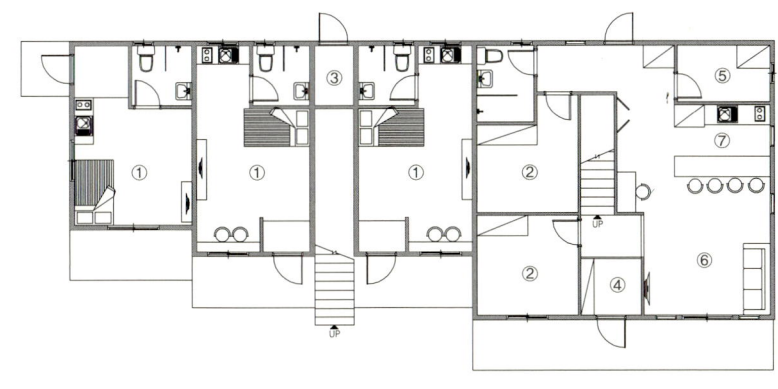

1F

① 객실
② 방
③ 보일러실
④ 현관
⑤ 다용도실
⑥ 거실
⑦ 주방
⑧ 드레스룸
⑨ 창고

Essay 4

시대에 따라 변하는 주택의
공간 구조

얼마 전 시공한 한 단독주택은 특이하게도 거실이 없다. 주택 면적은 151㎡(46평)로 꽤 큰 편인데 1층에는 방 두 개와 주방, 식당, 욕실, 다용도실만 있을 뿐이다. 2층엔 서재 겸 작업실과 방 두 개가 전부다. 굳이 생각해보자면 20여 년 전 필자의 신혼집에도 거실이 없었다. 전용면적 33㎡(10평) 남짓했던 빌라였기 때문인데, 전체 면적이 워낙 작다 보니 거실을 만들 공간이 없어 안방이 거실 기능까지 겸했던 것이다.

잠깐 오래 전 얘기를 해보자. 어릴 적에는 손님이 오시면 제일 먼저 안방으로 모셨다. 그 다음 재떨이를 갖다드리면 담소가 이뤄졌다. 물론 주안상이나 식사가 방으로 들어가기도 했다. 가부장 제도하에서 집의 주인은 당연히 집안 가장인 남자의 몫이었다. 집 안에서만큼은 절대 권력이었다.

하지만 도시의 아파트 생활이 시작되면서 가족 중심의 사회로 바뀌게 되었다. 거실은 모두의 공유 공간 역할을 충실히 수행했다. 그 당시부터 지금까지 거실은 주택 내부에서 가장 중요한 자리를 차지한다. 방향과 조망 등을 고려해 가장 좋은 위치를 선점한 뒤 주방과 방의 위치가 정해진다. 과거 중요도가 높았던 '안방'의 역할을 '거실'이 하고 있는 셈이다. 이렇듯 가부장적인 권위를 무너뜨린 것은 바로 아파트 문화다. 아파트는 기존의 가족제도와 문화를 모두 바꿔버린 건축물이다.

건축설계에서의 공간 변화

하지만 흐름은 또 바뀌어, 근래 들어 아파트가 최선의 주거공간이라는 고정관념은 점차 깨지는 추세다. 물론 그동안 아파트가 대접받은 데는 몇 가지 이유가 있다. 다른 주택에 비해 구입이 비교적 수월하고 생활이 편리하며, 집을 사서 일정 기간 보유하게 되면 값이 올라 재테크 기능까지 겸비했던 때문이다. 특히나 아파트는 가정 경제를 책임지는 가장들에게 돈을 벌게 해주는 일종의 수단이었다. 아파트를 보유한 가장은 가장으로서 최소한의 권한을 가질 수 있었다. 친구를 만나도 몇 평짜리 아파트에 사느냐에 따라 본인의 능력을 인정받던 때가 있을 정도였다. 다만 자녀의 희생은 감수해야 했다. 15년 전 아파트에 살던 필자는 아래층에 사는 주민과 보이지 않는 전쟁을 하곤 했다. 아파트에 사는 동안 늘 아이들에게 "뛰지 말라"는 말을 해야만 했다.

최근에는 아파트보다 단독주택에 대한 관심이 커지고 있다. 특히 주목할 부분은 몇 년 전까지만 해도 은퇴를 하거나 노후를 위해 단독이나 전원주택을 택하는 경우가 많았던 것과 달리, 주로 30~40대의 젊은 층들이 단독주택 행을 결심하고 있다는 사실이다. 신(新)주류가 아파트를 뒤로 하고 단독주택에서의 주거를 실행하는 데는 아파트의 재테크 기능이 다소 떨어진 점도 한몫하겠지만, 무엇보다 가장 큰 요인은 사회나 가족구성원의 중심 역할이 여성과 아이들에게로 급격하게 옮겨가고 있는 데 따른 현상이라고 볼 수 있다.

거실보다 주방과 식탁 위치가 더 중요해져

이러한 현상은 주택 설계에서 더욱 확연하게 드러난다. 아파트야 어차피 건설사에서 짓는 대로 결정되기 때문에 이런 추세를 간파하긴 어렵다. 이에 반해 내 마음대로 짓는 주택의 경우, 실내에서 주로 생활하는 이(여성과 어린이)의 의견이 상대적으로 남성의 의견보다 많이 반영된다.

생각해보면 남편들은 평일에 간단히 친구나 손님을 집으로 초대하는 일이 많지 않다. 주말에 친구와 그 가족을 불러 마당에서 바비큐 파티를 하는 경우가 차라리 맞다. 반면 주부들은 어떤가. 남편과 아이들이 집을 비우는 오전시간이면 이웃이나 친구를 집으로 불러 차를 마시며 이야기를 나누기가 수월하다. 이 경우 거실보다는 식탁에 앉는 경우가 더 많아진다.

또 자녀가 학교에서 돌아오거나 자녀의 친구가 방문했을 경우 간식을 챙겨주고 함께 공부도 할 수 있는 공간이 바로 식당이다. 이렇다 보니 거실보다는 주방과 식탁 위치가 점차 더 중요한 공간이 되고 있다. 설계를 하다 보면 연령이 낮을수록, 고학력일수록 거실보다는 주방 공간의 위치와 크기를 중요시한다. 가장 좋은 위치에 식탁을 먼저 배치하고 거실은 뒷전으로 밀리기 일쑤다. 곰곰이 생각해보면 현재 단독주택에 사는 필자도 거실 소파에 앉는 일은 많지 않다. 가족들과 대화를 하는 공간은 식탁이 놓인 식당(Dining room)이 대부분인 것 같다.

주부 중심으로 빠르게 변하고 있는 주택의 구조가 앞으로 또 어떤 방향으로 변화될 지, 흥미롭게 지켜볼 일이다.

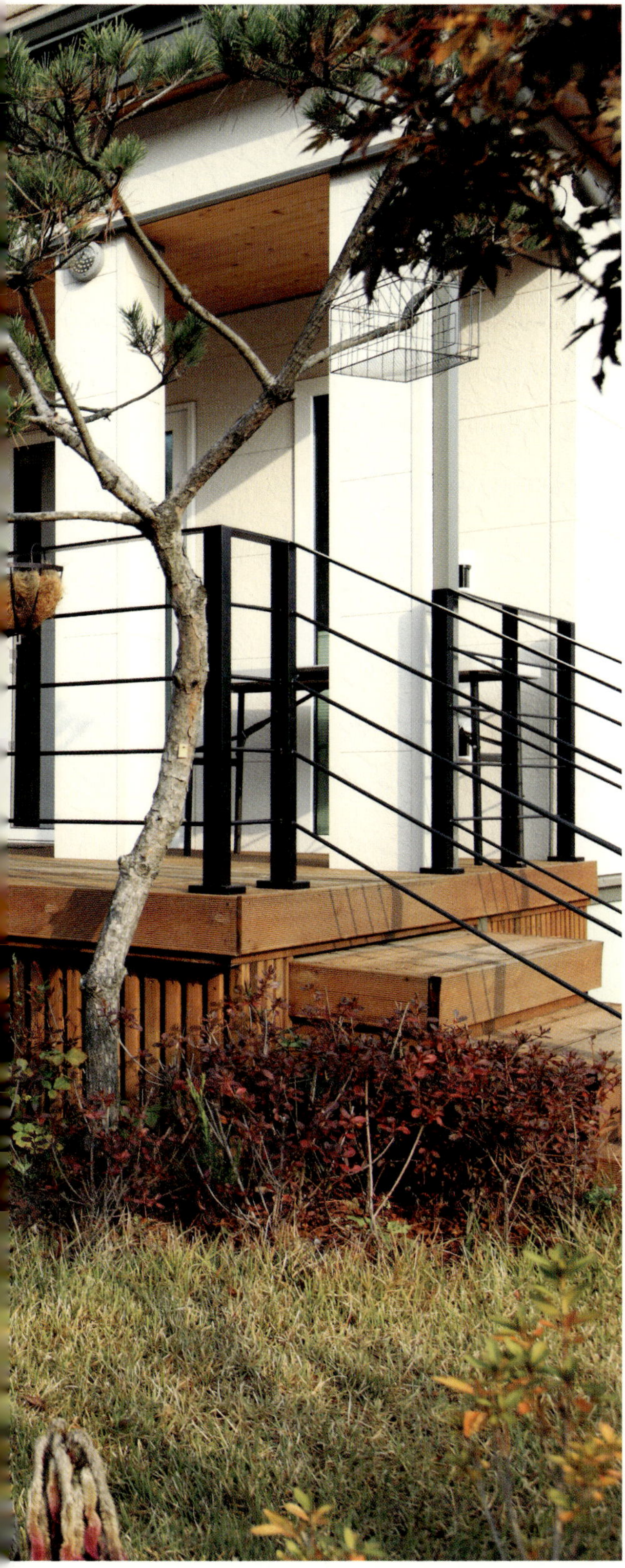

Wood Framed House 09

가족을 위한 아이디어로 똘똘 뭉친 집

웨스턴Western 판교

대지위치	경기도 성남시 분당구
지역지구	제1종전용주거지역
용도	단독주택
건물규모	지상 2층
대지면적	231.30㎡(70평)
건축면적	104.70㎡(32평)
연면적	195.62㎡(59평)
건폐율	45.26%
용적률	84.57%
주차대수	2대
공법	경량목구조
외부마감	스터코플렉스, 컬러강판, 적삼목
내부마감	실크벽지
설계 및 시공	㈜나무와좋은집

웨스턴 Western
판교

프로방스 스타일, 유로피안 스타일, 아메리칸 스타일, 지중해 스타일 등은 지역별 주택 디자인이나 인테리어 풍을 표현하는 말이다. 건축은 인간이 자연에서 얻는 소재를 이용하여 주거공간을 만들다 보니, 각자의 지역에서 쉽게 구할 수 있는 소재를 가지고 집을 짓는다. 이로 인하여 지역마다 독특한 디자인과 색채, 평면구조를 보여준다. 나무와 볏짚, 흙을 활용한 초가집이 우리나라의 가장 보편적인 전통가옥이 된 이유도 마찬가지다.

현재는 이러한 지역적 특성을 반영하는 건축풍이 한곳에 머물기 보다는 전 세계로 퍼져나가, 취향에 따라 원하는 스타일의 주택 외관을 완성할 수 있게 되었다. 국내에도 유럽과 북미 등 많은 나라에서 다양한 건축소재가 들어와 있다.

본 주택은 흰색의 스터코와 재회색 컬러의 지붕재가 조화를 이룬다. 여기에 차가운 느낌의 금속 지붕재를 보완하고자 따뜻한 느낌의 목재를 일부 사용하였다. 서양적인 느낌이 풍기지만 그 기준점은 모호하다. 다만, 색깔이 뚜렷한 기존의 주택 디자인을 탈피해 보고자 하였다.

인테리어는 전체적으로 화이트 톤을 베이스 삼아 거실의 일부에 디자인월을 사용하여 밋밋함을 보완하였다. 현관에 들어서면 오른편에는 신발장이 있고 왼편에는 양개도어를 달아 창고를 배치하였다. 창고에는 아이들의 놀이기구나 정원용품 등이 수납 가능하도록 선반을 달아서 활용도를 높였다.

1층에는 보통 안방을 두는 경우가 많은데 이 주택은 별도의 스터디룸을 둔 것이 특징이다. 안방과 자녀방은 모두 2층에 배치하였다. 침실의 프라이버시도 존중하고 별도의 공부방을 설치하여 집중도를 높이도록 한 것이다.

2층도 주목할 만하다. 2층에 마련된 작은 거실은 가족 간의 대화를 위한 공간으로, 출출할 때 간단한 조리를 할 수 있도록 수납형 미니주방도 마련되어 있다. 간식을 만들어 먹기 위해 굳이 온 가족이 아래층으로 내려와야 하는 불편을 해소하고자 하였다. 또한 평상시에는 간이주방이 잘 보이지 않도록 슬라이딩 도어를 설치하여 사용할 때만 문을 열도록 만들었다.

웨스턴 스타일을 풍기는 판교주택의 외관. 곧게 뻗은 기둥을 비롯해 직선형으로 정돈된 이미지가 특징이다.

주 현관은 차량도로가 면해 있는 집의 뒤쪽으로 배치하여 진입 시 편의를 더하는 동시에 전면의 활용도도 높였다. 낮은 담장을 둘러 전면으로도 이동이 가능하다.

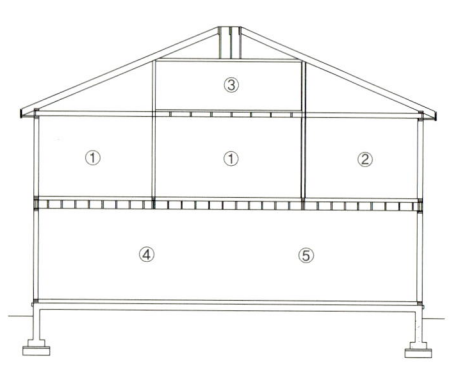
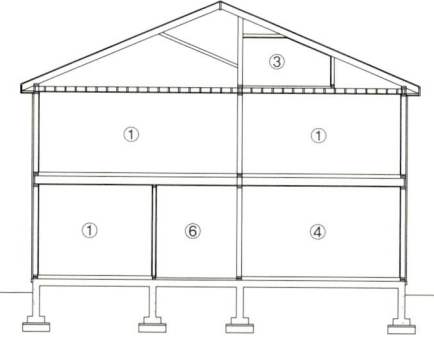

①	방
②	안방
③	다락방
④	거실
⑤	주방
⑥	현관

단면도

1층에 마련된 서재와 주방. ㄷ자형 아일랜드 조리대를 계획하여 작업동선을 효율적으로 넓히고 식탁으로도 사용할 수 있게 하였다.

인테리어의 베이스 컬러는 화이트로, 깔끔하고 모던한 분위기를 풍기도록 했다. 2층 한쪽에 마련된 간이주방은 평상시 문을
닫으면 깨끗이 가려지도록 계획하였다.

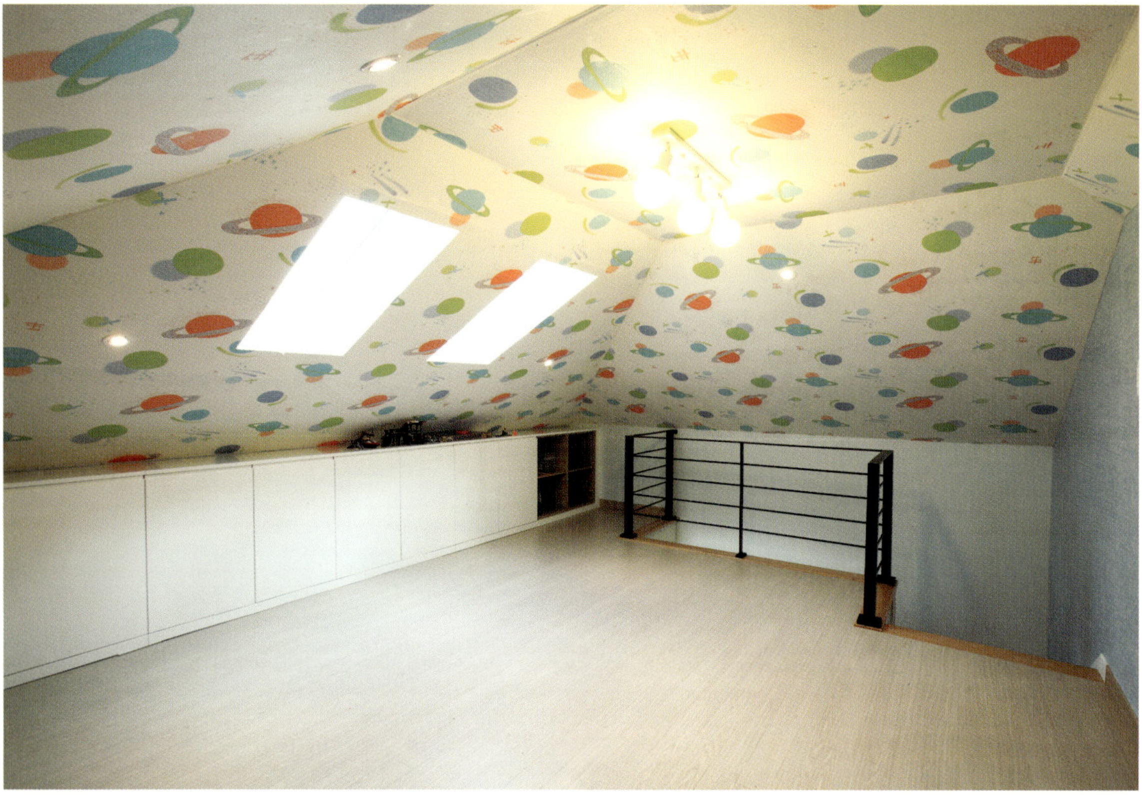

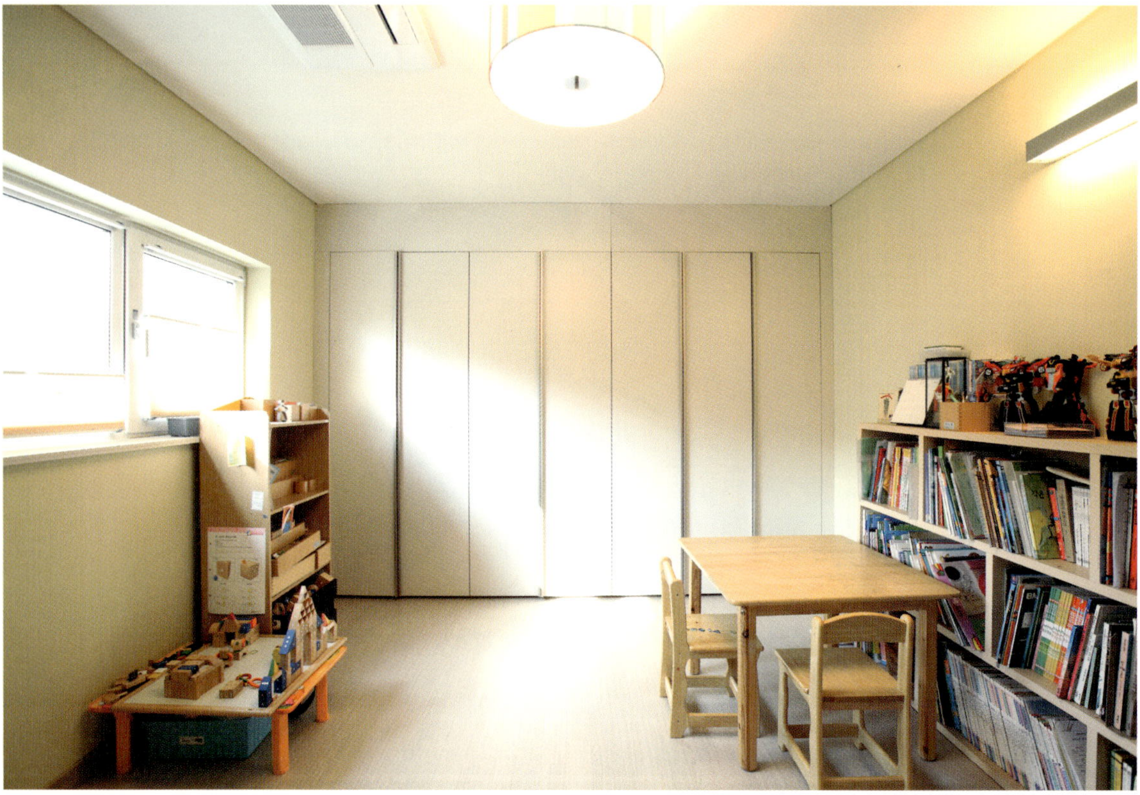

평면도

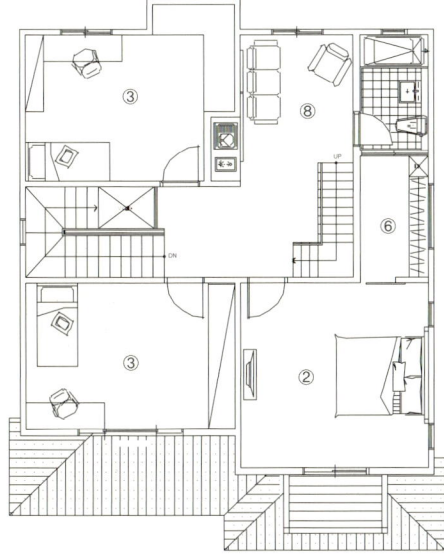

2F

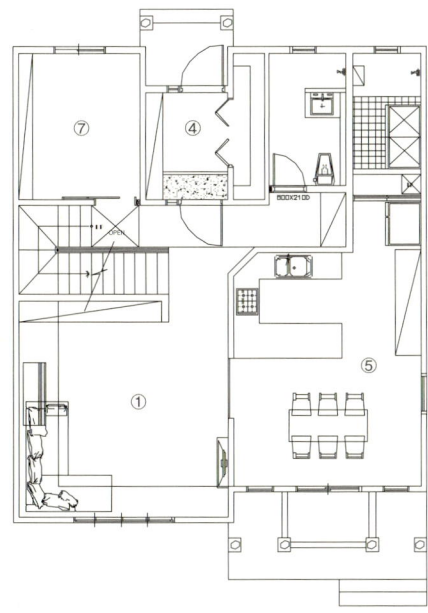

1F

①   거실
②   안방
③   방
④   현관
⑤   주방 & 식당
⑥   드레스룸
⑦   공부방
⑧   가족실

Wood Framed House 10

젊은 부부와
아이들을 위한
행복 공간

판교
운중동주택

대지위치	경기도 성남시 분당구 운중로
지역지구	제1종전용주거지역
용도	단독주택
건물규모	지상 2층
대지면적	232.20㎡(70평)
건축면적	100.04㎡(30평)
연면적	182.19㎡(55평)
건폐율	43.08%
용적률	78.46%
주차대수	2대
공법	경량목구조
외부마감	스터코플렉스, 컬러강판, 치장석
내부마감	실크벽지, 강화마루, 집성계단재
설계	cool house
시공	㈜나무와좋은집

판교
운중동주택

도시적 감성을 건축 콘셉트로 정하고 거주자의 라이프 스타일에 맞추어 설계한 모던 스타일의 주택이다. 블랙과 화이트의 색감 대비로 이지적인 감성을 표현하고자 흰색의 외단열스터코를 외관 메인 컬러로 삼고, 블랙 컬러강판과 진회색 계열의 치장석을 더해 외장의 기틀을 마련한 뒤, 현관문 또한 회색조의 동판 소재 도어를 적용하여 무게감을 더하였다.
2층에는 넓은 테라스를 두고 지붕을 만들어 비와 더운 햇살을 피할 수 있게 했으며, 거실의 전면 창은 좁고 높은 문을 반복 사용하여 정돈된 느낌에 시야 확보까지 고려하였다. 마당에서 뛰노는 아이들을 주부의 주공간인 주방에서 관찰할 수 있도록 주방과 연계하여 창문과 데크도 구성하였다.

실내는 1층에 거실과 주방이 한 공간에 넓게 배치되고 2층에는 어린자녀들을 돌보기에 유리하도록 자녀방과 안방을 함께 두었다.
아빠의 서재와 아이들의 공부방을 한 공간에, 그리고 서재를 향하는 복도에 세면대와 책장을 배치하고 계단 하부와 책장 사이로 아이들을 위한 작은 '아지트'를 마련하였다.

2층 안방에는 침실과 드레스룸 그리고 발코니를 배치하고, 화장실은 2층 홀에 한개만 계획하였으나 샤워실과 욕조 공간, 건식의 세면실 공간 등으로 필요에 따라 사용할 수 있도록 분리하였다.

자녀의 인원에 맞추어 아이방은 두 개를 만들고 방안에 2층 침대 같은 복층공간도 마련하였다. 이어진 다락방은 지붕 모양에 공간이 맞추어져 비록 천장은 낮지만 아이들의 놀이방 겸 공부방으로써의 기능을 할 수 있다. 계단의 경우 원목의 질감을 살려 아이들에게 따뜻한 느낌을 줄 수 있도록 하였다.

전문직에 종사하는 젊은 맞벌이 부부의 가정으로 특히 평일 낮 시간에 아이들과 나눌 수 있는 시간이 적은 것을 고려하여 특별히 자녀의 공간을 최대한 고심한 것이 특징이다. 실내 마감 역시 아이들이 선호하는 원색의 색감을 다양하게 사용토록 노력하였다.

그레이 톤의 외장재로 세련된 멋을 풍기는 주택. 넓은 테라스가 돋보이는 2층과 마당 한쪽의 놀이터 등 어린 자녀를 위한 공간이 곳곳에 마련되어 있다.

정면도

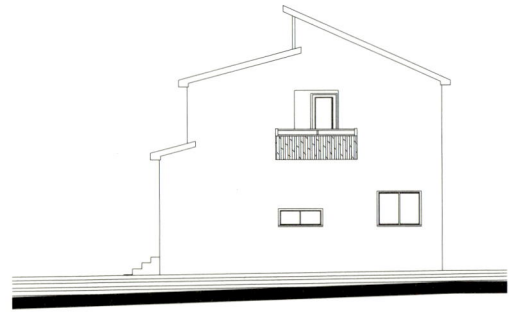

배면도

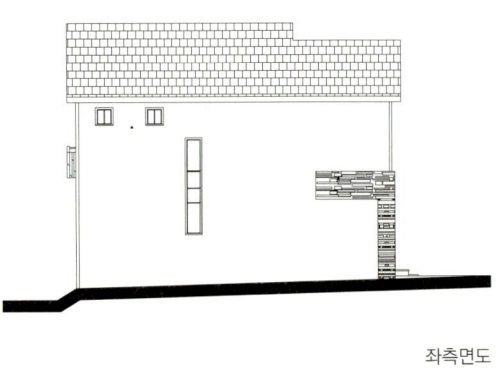

좌측면도

우측면도

현관 앞으로는 여유로운 면적의 데크를 내고 1, 2층의 평면 차이를 이용해 2층 바닥이 자연스럽게 처마 역할을 하도록 디자인하였다.

판교 운중동주택

단독주택에서 가장 중요한 수납계획을 간과하지 않고 각 실마다 신경 쓴 모습이 엿보인다.

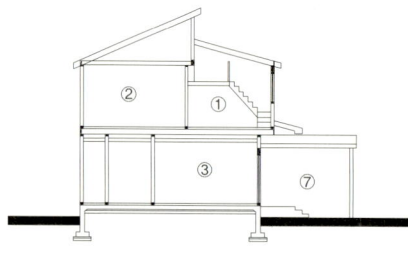

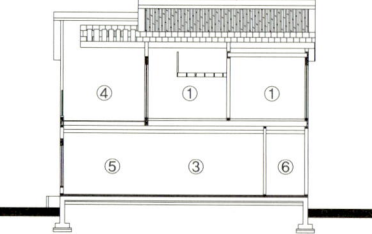

①	방
②	홀
③	식당
④	테라스
⑤	거실
⑥	보조주방
⑦	포치

단면도

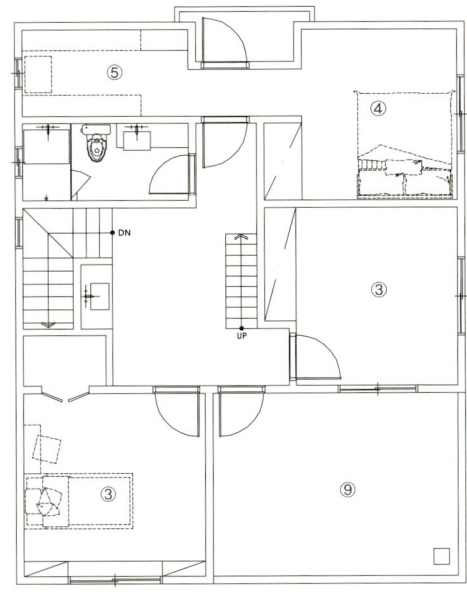

평면도

2F

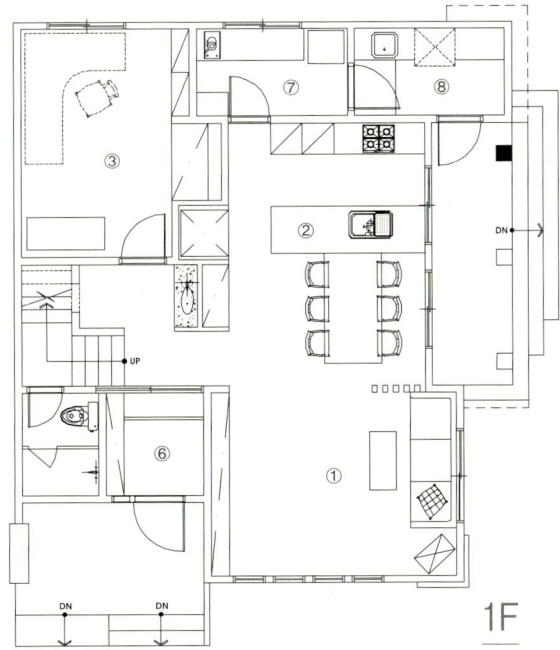

1F

① 거실
② 주방 & 식당
③ 방
④ 안방
⑤ 드레스룸
⑥ 현관
⑦ 보조주방
⑧ 세탁실
⑨ 테라스

좋은 땅, 나쁜 땅
구별하는 방법

집을 짓기 위해서는 땅이 꼭 필요하다. 물론 나무 위에 집을 짓는 경우도 있고 물 위에 집을 지을 수도 있지만 현행 건축법상 쉬운 문제는 아니다. 땅은 좋은 집을 짓기 위한 첫 걸음이며, 좋은 땅에 좋은 집을 지을 수 있다면 정말 복 받은 사람이라고 할 수 있다.

좋은 땅에서 좋은 집이 나온다

필자는 땅 전문가는 아니다. 다만 많은 주택을 설계하고 집을 지으면서 나름대로 획득한 땅에 대한 몇 가지 노하우를 이야기하고자 한다. 완벽하게 전문적이고 깊이 있는 내용이라기보다는 보편적인 내용을 이해하기 쉽게 전달하는 정도의 수준에서 기술하려고 한다. 필지 분석보다 건축에 더 많은 비중을 두기 위해서다.

대부분의 건축주는 땅을 먼저 마련하고 건축을 계획한다. 보통 설계 계약을 하고 나면 실제 집이 지어질 땅을 확인하러 현장을 방문하게 된다. 예비 건축주와 함께 차를 타고 이동하는 동안 대지의 크기와 형태, 주변 환경 등을 듣게 되는데 대부분의 건축주는 땅의 장점만을 이야기한다. 간혹 어떤 이는 한 폭의 그림을 연상시키는 설명을 풀어놓지만 막상 현장에 가보면 실망스러운 부분이 많이 눈에 띄기도 한다. '콩깍지가 낀다'는 옛말이 남녀 사이가 아닌 땅을 살 때도 적용되는 경우다.

하지만 땅은 어떻게 가꾸고 만지느냐에 따라 달라진다. 물론 자금이 필요한 게 문제지만, 사람도 성형을 하면 예뻐지듯이 좋은 땅을 만드는 데도 대가를 치러야 하는 것이다. 물론 성형을 하지 않아도 예쁜 땅이 가장 좋은 땅이다. 그러나 애초부터 모든 조건이 좋은 땅을 찾는 것은 하늘의 별 따기 만큼이나 어렵다. 아마 땅을 구하러 직접 발품을 팔아본 경험이 있다면 공감을 할 것이다.

접근성과 주변 환경

주택지는 접근성이 좋아야 한다는 이야기를 무조건 도시와 가까운 곳이어야 한다고 착각할 수도 있으나 그 뜻은 아니다. 이는 주변 도로가 잘 정비된 곳을 말한다. 산속에 깊이 들어가 있어도 도로여건만 좋다면 좋은 땅이 될 수 있다. 경사가 심한 땅은 겨울철에 눈이 오면 오도 가도 못하는 신세가 되고, 울퉁불퉁한 비포장도로는 비가 많이 내리면 산길이 패여 차가 다닐 수 없게 되는 경우도 많다. 또 집을 짓고자 하는 부지가 아무리 좋아도 주변 환경이 좋지 않으면 나쁜 땅이라고 할 수 있다. 주변에 흉물스런 건물이 있거나 시끄러운 공장이 있는 곳, 인근에 축사가 있어 냄새가 심한 곳, 또는 심한 경사지가 있어 홍수 시 붕괴의 위험이 있는 땅은 결코 좋은 땅이 아니다.

배보다 배꼽이 큰 땅

'싼 게 비지떡'이란 말이 있듯이 비싼 땅 가격에는 반드시 이유가 있기 마련이다. 예를 들어 주변 경치는 아주 좋은데 경사가 심한 곳에 위치한 땅이라면 가격이 저렴할 것이다. 주변 풍광과 가격의 메리트 때문에 덜컥 땅을 사면 차후의 토목공사비로 인해 눈물을 흘리게 될 수 있다.

실질적인 땅 가격을 알아보려면 현재의 땅값과 집을 짓기 위해서 지불해야 하는 토목공사 비용을 합산해 계산해야 한다. 1㎡당 5만원 땅에 석축과 도로개설비 등으로 10만원이 추가로 들어간다면 그 땅의 가격은 1㎡당 15만원인 셈이다. 또한 개발이 불가능한 땅은 제값을 못한다. 아무리 경치가 좋고 땅 모양이 좋아도 집을 짓거나 개발을 위한 허가가 나지 않는 땅이라면 땅값은 당연히 싸다.

신문광고에 많이 등장하는 전원주택지는 이런 이유 때문에 가격이 높은 것이다. 물론 이 가격 안에는 개발업자의 마진이 붙어 있다. 간혹 폭리를 취하는 개발업자도 있지만 토지구입에서부터 허가·공사비용 등을 고려하면 비싸다고만 할 수 없다.

또한 개별적으로 필지를 구입하여 건축을 할 때, 토지가 클수록 평당 가격이 낮아진다. 집 한 채당 약 660㎡(200평)의 땅이 필요하다면 이보다 10배 큰 6,600㎡의 토지 가격은 면적처럼 10배가 아니라 보통 약 7배 정도가 된다. 즉 혼자서 한 필지를 살 때보다 여럿이 큰 필지를 구할 경우 30% 정도 싸게 구입이 가능하다.

또 다른 요소로는 인허가 용역비용이 있다. 한 건을 처리할 때보다 여러 건을 처리하면 건당 가격이 내려갈 수밖에 없다. 여기에서 말하는 인허가비는 건축사나 토목측량사무소에 지불하는 비용을 말한다. 수도의 경우도 그렇다. 보통 지하수를 개발하려면 600만~1,200만원이 들어간다. 이 역시 개별적으로 할 경우이고, 20채가 공동으로 사용한다면 1/15 정도의 비용이면 된다.

이렇게 보면 토지개발업체에서 말하는 땅 가격이 무조건 비싸다는 것은 편견이라 할 수 있다. 인근 토지가와 토목공사비, 지하수, 전기, 인허가 비용 등을 모두 고려해야 땅값을 제대로 비교할 수 있다.

농촌의 빈집, 함정이 있다

사람들은 은연중에 '집이 이미 지어져 있는 땅은 터가 좋다'는 생각을 한다. 이는 혹시라도 땅을 샀다가 허가가 안 나면 어쩌나 하는 우려 때문이기도 하다. 집 지을 수 있는 땅과 없는 땅. 이는 몇 가지만 알아보면 금방 알 수 있다.

간혹 허가받기 힘든 땅을 지인을 통해 어렵게 허가를 냈다고 자랑스럽게 이야기하는 이들을 만나게 된다. 하지만 이런 경우는 극히 드물다. 땅에는 그 땅의 운명이 이미 결정이 되어 있다. 허가가 불가한 땅은 쉽사리 허가가 나지 않는다. 아무리 대통령을 알고 군수를 알아도 소용없다. 다만 행정적인 절차의 복잡함이나 까다로움이 있다면 약간의 도움을 받는 정도이다.

한때 농어촌 빈집을 투자대상으로 하는 빈집사기 열풍이 일 때가 있었다. 그것도 비싼 가격으로 말이다. 하지만 빈집의 대부분은 주인이 떠난 지 오래되어 귀곡 산장처럼 변해 있기 마련이다. 빈집을 보는 순간 이사는 엄두를 내기도 어렵다. 하지만 간혹 모래 속의 진주와 같은 빈집도 있다.

농가 빈집은 잘 알아보고 계약하지 않으면 큰 낭패를 볼 수가 있다. 예전에는 건축허가 없이 지어진 집들이 많았다. 세금을 걷기 위한 가옥대장만 있을 뿐, 땅은 집을 지을 수 있는 대지가 아닌 농지인 경우가 많다. 물론 이곳에 지어진 건물은 불법건축물이란 딱지가 붙는다.

예전과 달리 지금은 집을 짓기 위해서 갖추어야 할 조건이 있다. 관리지역인지, 도로는 있는지, 수도는 어떻게 해야 하는지, 상수원 보호구역은 아닌지 등 모두 확인해보아야 한다. 건물이 있다고 모두 대지가 아니다. 대지가 아니라면 굳이 비싼 돈을 들여서 구옥을 살 필요가 없다. 허가가 가능한 땅이라고 해도 기존 건물을 철거하려면 비용이 들고 농지전용허가나 개발행위 허가를 받으려면 또다시 돈이 들어간다. 빈 땅을 사서 허가를 맡으면 수월한데 쓸데없이 비용과 품만 더 들이게 된다.

행정적인 절차나 허가를 받는 것에 대한 막연한 불안감이 많은 이들에게 있다. 아마도 오랜 관료주의 사회 경험에서 비롯되었을 것이다. 하지만 막상 절차를 받다 보면 어렵지 않음을 알 수 있다. 전원생활을 꿈꾸는 분들이라면 공무원을 두려워 말자. 그리고 사전에 전문가의 조언을 반드시 받도록 하자.

전원생활을 결심했다면 좋은 땅을 싸게 사서 허가를 받아 땅의 가치를 높여, 꿈꾸던 전원생활도 하고 재테크까지 하는 일석이조의 기쁨을 누리는 것이 좋을 것이다.

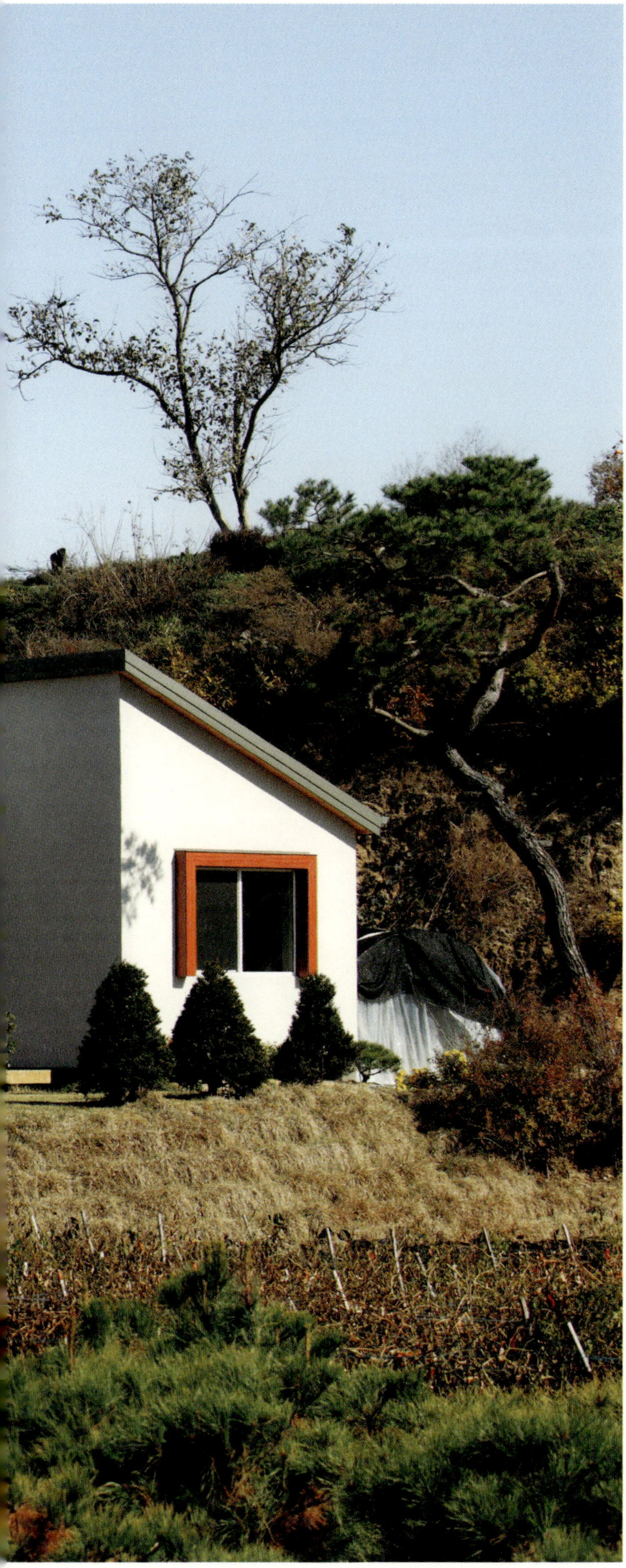

Wood Framed House 11

다양한 자재의 시도가 가능했던 고향집

홍성 목조주택

대지위치	충남 홍성군 홍북면
지역지구	보존관리지역
용도	단독주택
건물규모	2층
대지면적	662.70㎡(200평)
건축면적	102.60㎡(31평)
연면적	137.60㎡(42평)
건폐율	15.4%
용적률	20.5%
주차대수	1대
공법	경량목구조
외부마감	테라코플렉스, 무기질보드. 현무암
내부마감	실크벽지, 낙엽송 몰딩, 나왕집성계단
설계 및 시공	㈜나무와좋은집

홍성
목조주택

충남 중서부 서해안에 면하는 홍성은 시내에서 한참 떨어진 한적한 지역이다. 주택이 위치한 동네는 더더욱 외곽으로, 이곳에 모던한 디자인의 집이 세워진다면 반응은 어떨지 사뭇 궁금했다.

더욱이 이 주택은 건축자재를 다양하게 시험할 수 있는 기회를 제공해준, 일종의 테스트 하우스(Test house)다. 실패의 결과를 고스란히 책임져야 하는 이러한 시도가 가능했던 이유는 바로 이 집이 필자의 고향집이기 때문이다.

외관에는 우선 가장 먼저 무기질보드를 적용했다. 일명 '하디보드'라 불리는 자재로 노출콘크리트의 유행에 따른 대응책으로 나온 소재이다. 총 세 가지의 패턴을 세로로 절단하여 랜덤으로 시공하였다. 특히나 거실 앞쪽에는 작게 재단해 마치 비늘처럼 시공을 했는데, 결과는 나쁘지 않았다. 새로운 소재임에도 가격과 기능성은 물론 디자인 측면까지 모두 만족할 만한 결과를 보였다. 마무리는 레인코트(발수제)로 마감하였다.

또 국산화된 탄성 스터코 자재인 테라코플렉스도 사용해보니, 약간 거친 질감이 오히려 더 좋았다. 이외에도 현무암과 컴팩트 패널 등을 새로 적용하였다. 자재에 너무 많은 욕심을 낸 탓에 다소 많은 외장재가 사용된 것도 사실이나, 각각의 성질을 테스트하기에는 더없이 좋은 기회였다.

시내가 아닌 외곽 지역이라서 그런지, 지은 지 3년이 넘었지만 지금도 종종 집 구경을 하러 사람들이 찾아온다. 홍성이라는 지방에는 이런 스타일의 주택이 생소하기도 하고 특이하게도 생각이 되는 것 같다.

이 집을 통해서도 단열을 위해서는 역시 목조주택이 해법임을 알 수 있었다. 기존에 있던 집이 조립식주택이어서 그런지 몰라도 차이가 엄청났다. 보통 노부부의 경우, 겨울철에도 난방비를 아끼기 위해 보일러를 많이 켜지 않는데, 그럼에도 불구하고 실제 이 집에서 피부로 느끼는 체감온도는 온화함이라는 표현이 맞을까.

아담한 규모와 산뜻한 색감이 돋보이는 홍성주택. 도로가에 위치하고 있어 지나는 이들의 시선을 잡아끈다.

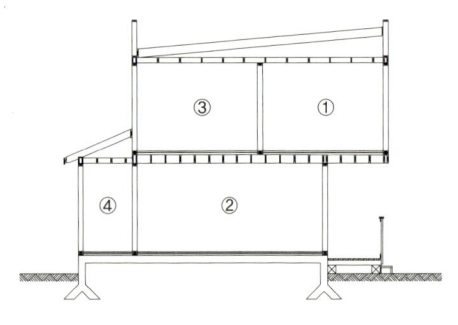
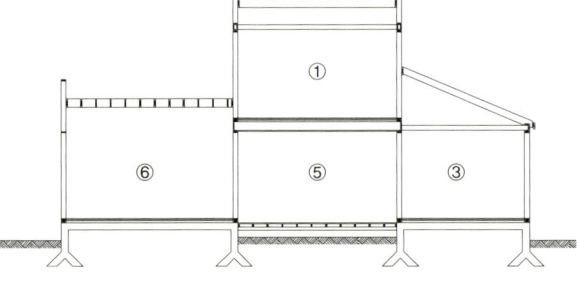

단면도

① 가족실
② 주방
③ 방
④ 다용도실
⑤ 데크
⑥ 거실

다양한 외장재를 곳곳에 사용하여 실험적인 시도를 해볼 수 있었던 것은 이 집이 필자의 고향집이기 때문이다.

정면도

좌측면도

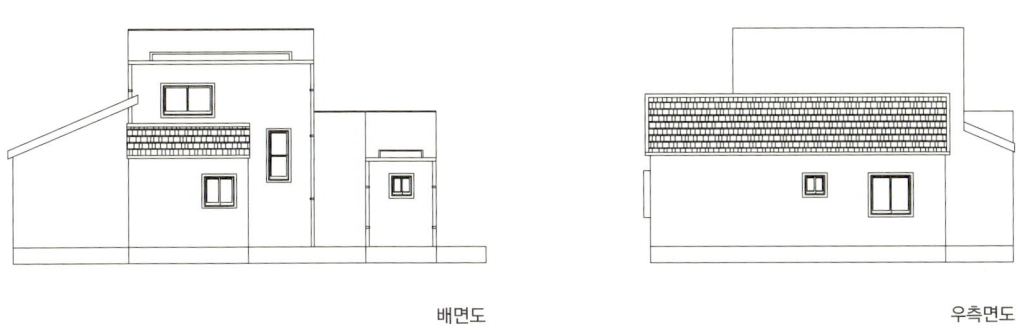

배면도   우측면도

현관은 도로에 가장 먼저 면하는 쪽으로 두고, 실내로 들어서면 밝은 조도의 거실과 큰 창을 만나게 된다.

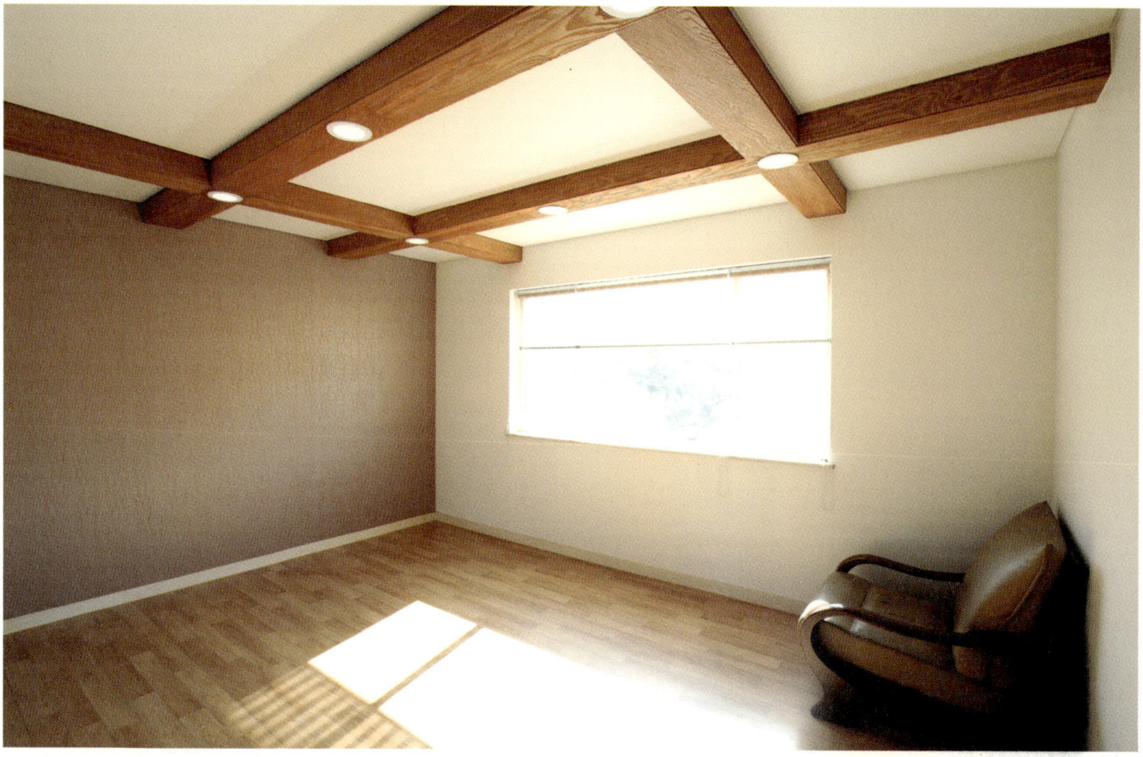

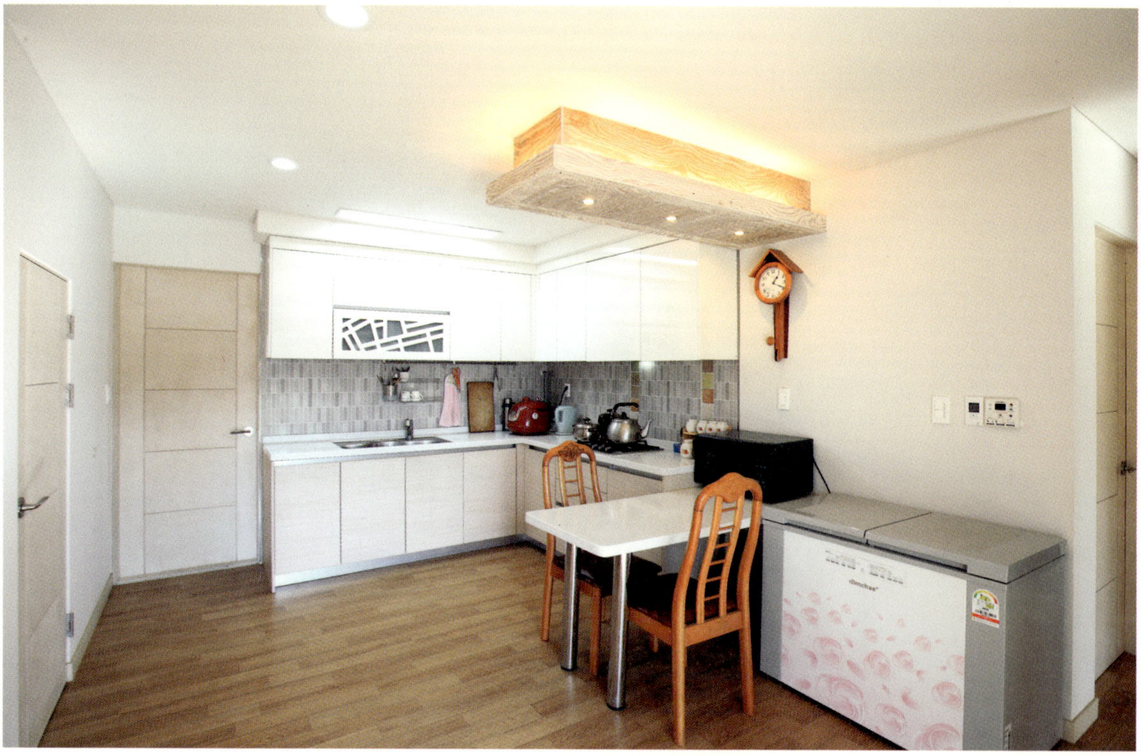

평면도

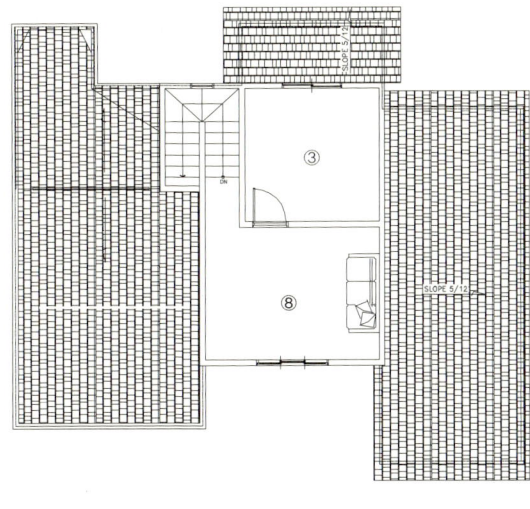

2F

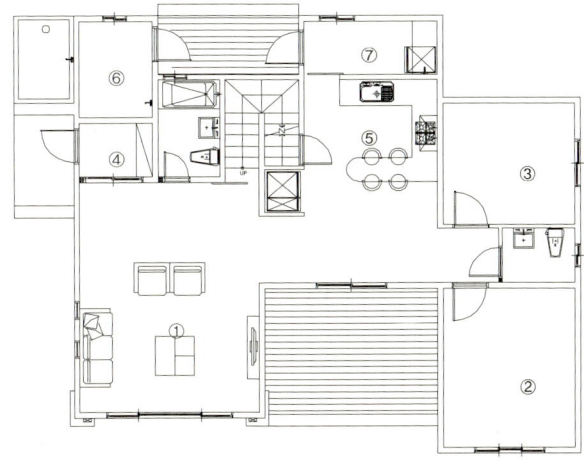

1F

① 거실
② 안방
③ 방
④ 현관
⑤ 주방 & 식당
⑥ 다용도실
⑦ 보일러실
⑧ 가족실

Essay 6

목조주택 감리의 해법,
파이브스타Five-star 제도

한 지상파 방송에서 '전원주택의 꿈을 빼앗은 목수'라는 제목의 다큐멘터리 프로그램을 본 적이 있
다. 자신을 목수라 칭한 사람이 친환경공법으로 전원주택을 지어주겠다고 꼬드겨 사기행각을 벌인
내용이다.

선량한 소비자를 상대로 사기를 벌인 것은 분명 나쁜 일이지만, 한편으로는 사기를 치게끔 해준 건
축 의뢰인에게도 책임이 있다는 생각이 든다. 3.3㎡(1평)당 약 380만원이 드는 건축 공사를 280만원
에 지어 주겠다는 목수의 말에 넘어가 덜컥 계약을 한 것 자체가 문제이기 때문이다.

제대로 된 목조주택을 지으려면 대체로 3.3㎡당 약 450만원의 공사비가 들어간다. 자재나 설계를 최
대한 단순하게 한다고 해도 공사비 예산은 최소 400만원은 잡아야 무리가 없는 주택이라고 할 수 있
을 것이다. 물론 돈을 떠나서 그 목수가 '집을 짓는' 목수가 아닌 '사기꾼' 목수인 것은 틀림없지만
말이다.

목조주택, 감리는 누가?

사실 건축에 문외한인 일반인이 제대로 된 시공자를 선정하는 것 자체가 어려운 일이다. 건축에서
가장 민감한 것은 건축비. 가장 먼저 알아보는 것이 '어떻게 짓는 것이 좋을까'보다 '얼마면 지을
까'에 치중하게 된다. 이런 생각에서 출발을 하다 보니 첫 단추부터 잘못 꿰어질 확률이 높다.

그럼 건축비를 많이 주는 것이 좋은 집을 짓는 보증수표일까? 물론 아니다. 국내에는 건축 감리제도
라는 것이 있다. 건축허가가 떨어지면 집이 제대로 지어지고 있는지 건축사가 감리를 한다. 물론 이
감리제도가 때로는 형식적으로 운영되기도 한다. 심지어 감리와 시공업체가 결탁한다면, 어느 누구
도 제대로 된 관리 · 감독을 할 수 없게 된다.

만일 감리가 충실하게 된다고 해도 목구조주택을 감리하기는 쉬운 일이 아니다. 현재 감리 자격이
있는 건축사들은 철근콘크리트구조나 스틸구조는 잘 알지만 목구조는 잘 모르는 경우가 많기 때문

이다. 국내에서 지어지는 목구조는 경량목구조가 약 85%를 차지하고 나머지 15% 정도는 한옥이나 포스트&빔 방식의 중목구조다. 특히 경량목구조는 외국에서 들어온 건축 공법이어서 건축사나 건축 관련 전문가들에게도 생소하다. 구조나 공법에 대해 자세히 모르기 때문에 감리를 할 수가 없는 것이다.

최근 경량목구조 주택의 보급률이 늘고 선호도가 높아지면서 건축가나 건축 관계자들도 목구조를 깊이 공부해 전문가가 늘어나는 것은 환영할 만한 일이다. 이런 가운데 산림청 산하 목구조 건축을 하는 업체들이 모여 만든 사단법인 한국목조건축협회가 파이브스타(5-star)라는 감리 서비스를 제공하고 있다.

회원사 아니어도 감리 신청 가능

파이브스타 제도는 캐나다우드 한국사무소의 기술지원을 받아 8개 항목 69개의 검사 절차를 모두 통과한 목조주택에, 뼈대부터 내외장재까지 모두 튼튼하고 검증받은 재료와 공법으로 지어졌다는 인증을 해주는 제도이다. 정부에서 공식으로 인정하는 감리제도는 아니지만 목조주택을 건축하는 데 실질적이고 믿을만한 감리자 역할을 하고 있다. 도면 검토에서부터 두 차례 현장을 직접 방문해 실사를 하고 적합성 여부를 판단하는데, 잘못 시공된 부분은 수정·보완한 뒤 협회 측에 자료를 제출해야 한다.

이런 과정을 거쳐 적합 판정을 받으면 '5-star 품질인증서'가 발급되고 인증패가 부착된다. 과거 (사)한국목조건축협회 회원사만을 대상으로 하던 때와 달리, 현재는 제도가 확대되어 누구나 신청 가능하다. 2015년 10월 현재 총 118건의 신청을 받아 78건이 인증을 받거나 인증을 받을 예정이고 미발급건이 22건이다.

물론 파이브스타 품질인증제도가 목조주택 감리의 결정판이라고 보기는 어렵다. 감리를 받아서 인증서를 받았다고 해서 그 품질까지 보장하는 것도 아니기 때문이다. 하지만 그동안 믿을만한 감리가 전무했던 목구조 건축시장에 품질을 조금이라도 보증할 수 있는 제도가 나왔다는 점을 감안하면 대견한 것은 사실이다.

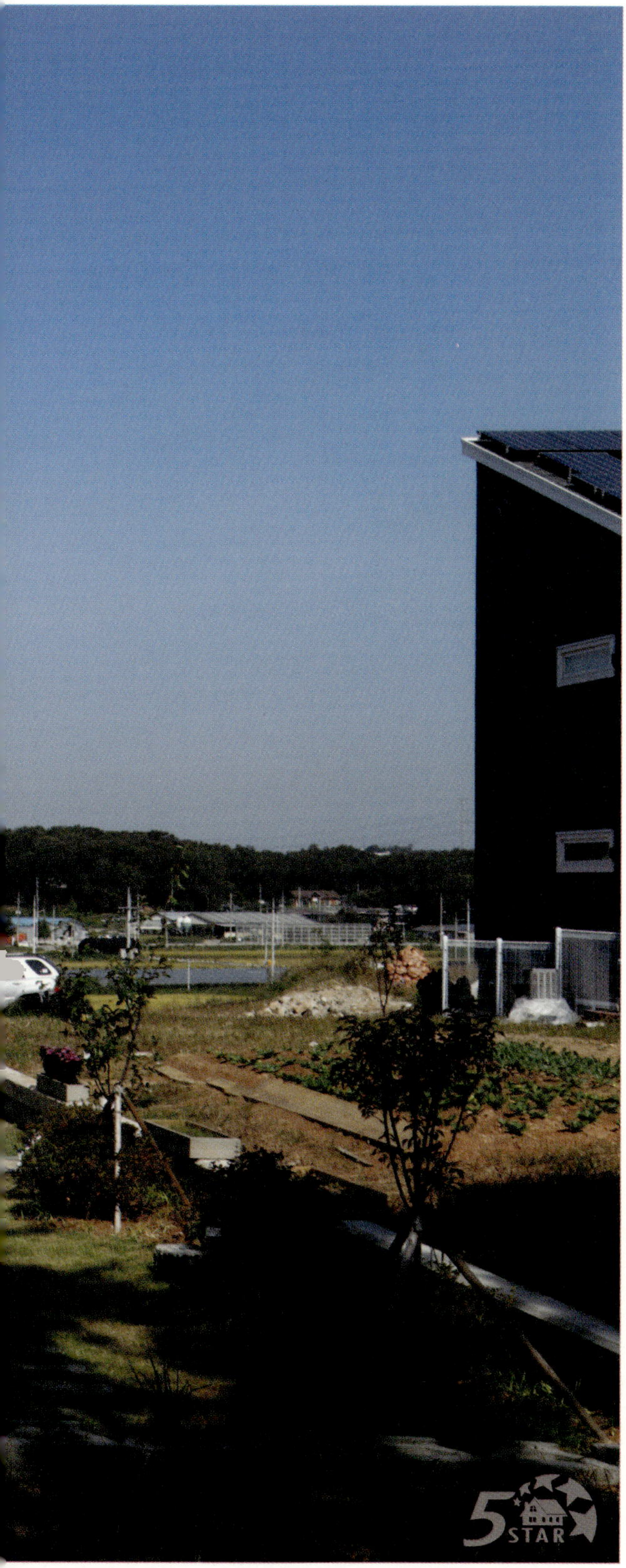

Wood Framed House 12

가족을 위한
사랑이
가득 담긴 집

성석동
5-STAR 인증 주택

대지위치	경기도 고양시 일산동구 성석동
지역지구	보전관리지역
용도	단독주택
건물규모	지하 1층, 지상 2층
대지면적	305.00㎡(92평)
건축면적	60.38㎡(18평)
연면적	204.96㎡(62평)
건폐율	19.80%
용적률	35.59%
주차대수	2대
공법	철근콘크리트구조 + 경량목구조
외부마감	컬러강판, 적삼목, 스터코, 현무암, 아스팔트싱글
내부마감	실크벽지, 자작나무, 레드파인 루버
설계 및 시공	㈜나무와좋은집

성석동
5-STAR 인증 주택

보전관리지역에 놓인 길쭉한 대지, 전체 면적 305㎡에 건폐율 기준 20%라는 조건은 결코 설계에 유리한 상황이라고 할 수 없었다.

건축주는 어린 자녀 둘을 둔 40대 초반의 부부로, 프라이버시를 소중히 여기는 성향을 보였다. 때문에 주요 진입은 도로 쪽에서 이루어지되 정원은 현관의 반대쪽에 배치하는 계획을 긍정적으로 받아들였다.

이 주택의 배치는 도로에서 현관을 지나 거실을 지나야 정원으로 나갈 수 있다. 외부공간인 진입도로와 정원을 주택이 가로막아 분리해 주는 역할을 하는 셈이다. 외국에서 흔히 볼 수 있는 형태로, 사회 그룹 중심에서 가족과 개인 중심으로 옮겨가는 추세에 맞추어 프라이버시를 중시하는 구조의 선호도가 점점 높아지고 있다.

낮은 건폐율에 따르다보니 1층은 거실, 주방 등 주생활공간으로 구성하였고, 2층에 침실 공간을 주로 배치하였다. 3층엔 다락방을 두어 자녀들의 공간이자 수납공간으로 활용 가능하도록 하였다.

설계를 진행하다보면 가족 중에 중심이 되는 인물을 알 수 있다. 예전에는 가장인 남편의 의견이 중시되었다면 최근에는 아내 중심으로 변하는 추세다. 그래서 집 구조의 중심이 안방에서 거실로, 또다시 주방으로 옮겨지고 있다. 하지만 이 주택의 경우 설계의 핵심이 자녀인 딸에게 맞추어져 있는 것이 특징이었다. 때문에 자녀방의 좁은 면적을 보완하고자 지붕의 경사진 부분을 그대로 적용하여 높아진 천장을 복층처럼 활용하도록 하였다. 이 공간이 침실인 동시에 아이가 마음껏 놀고, 꿈꿀 수 있는 놀이터가 되도록 하고 싶었다.

여기에 또 한 가지, 복층을 지나 한쪽에 마련된 계단을 따라 올라가면 다락방으로 연결되어 방에서 복층으로 올라가 다락으로 갈 수 있다. 다락방은 계단과 연결되어 아이방을 거치지 않고 바로 거실로 내려올 수도 있다. 건축주인 아빠의 딸 사랑에서 비롯된 아이디어를 반영한 결과다.

 마당에서 바라본 성석동 주택. 따스한 색감의 외장재로 간결하고 고급스럽게 마감하였다.

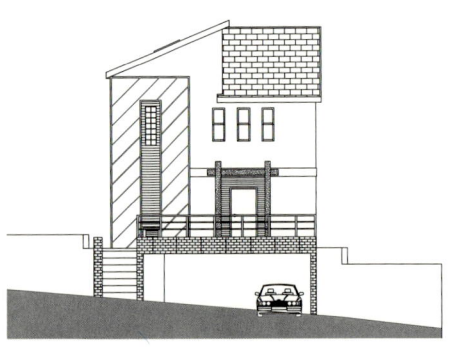

정면도

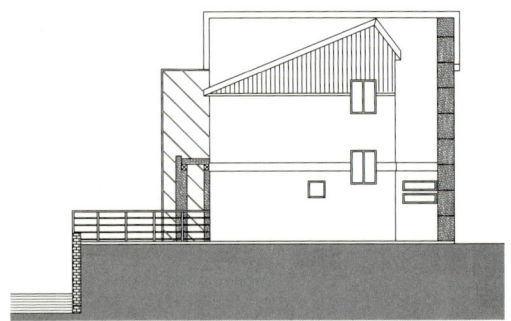

우측면도

배면도

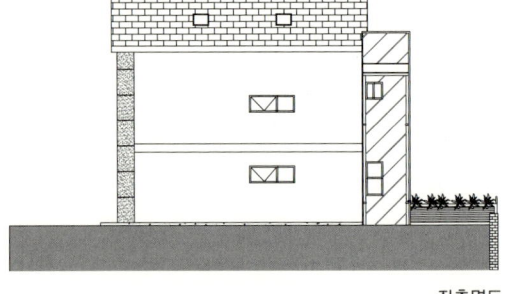

좌측면도

도로와 면한 건물 정면으로는 대지의 고저차를 활용한 주차장이 자리한다.

성석동 5-STAR 인증 주택

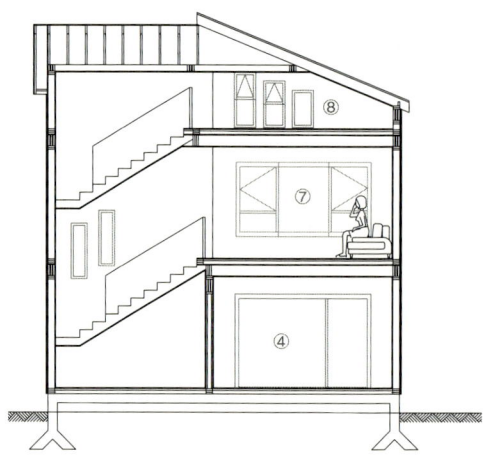

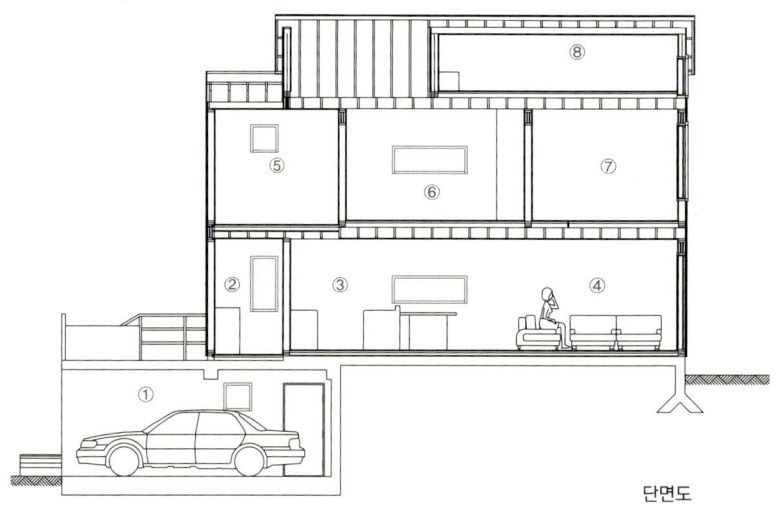

단면도

①	주차장
②	다용도실
③	주방
④	거실
⑤	욕실
⑥	방
⑦	가족실
⑧	다락방

현관과 이어지는 거실 및 주방은 마당을 향해 탁 트인 뷰를 자랑한다. 각 실 모두 밝은 조도가 특징이다.

성석동 5-STAR 인증 주택

우드 컬러 바탕에 따스한 색감으로 인테리어한 실내. 특히 한창 뛰어놀 어린 자녀들을 위한 공간에는 더욱 신경을 쓴 모습이다.

복층 구조의 자녀방 위쪽에 마련된 작은 개구부는 다락의 계단실과 바로 연결되는 통로로써, 아이들이 매우 좋아하는 공간구조다.

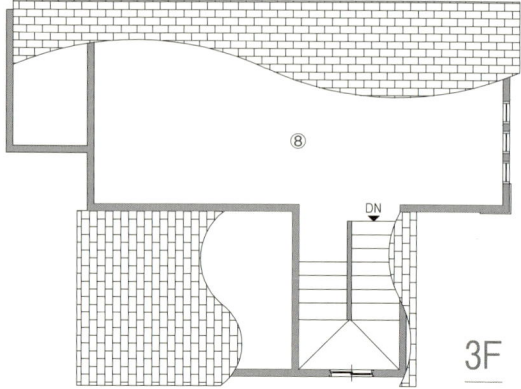

평면도

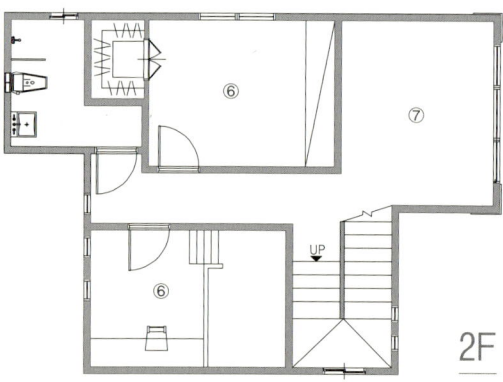

① 거실
② 주방
③ 현관
④ 신발장
⑤ 다용도실
⑥ 방
⑦ 가족실
⑧ 다락방

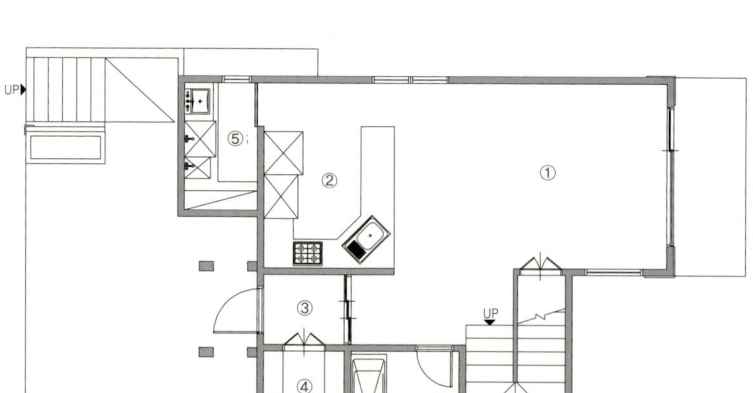

성석동
5-STAR 인증 주택

: 사진으로 보는
  현장 목구조 공사 디테일

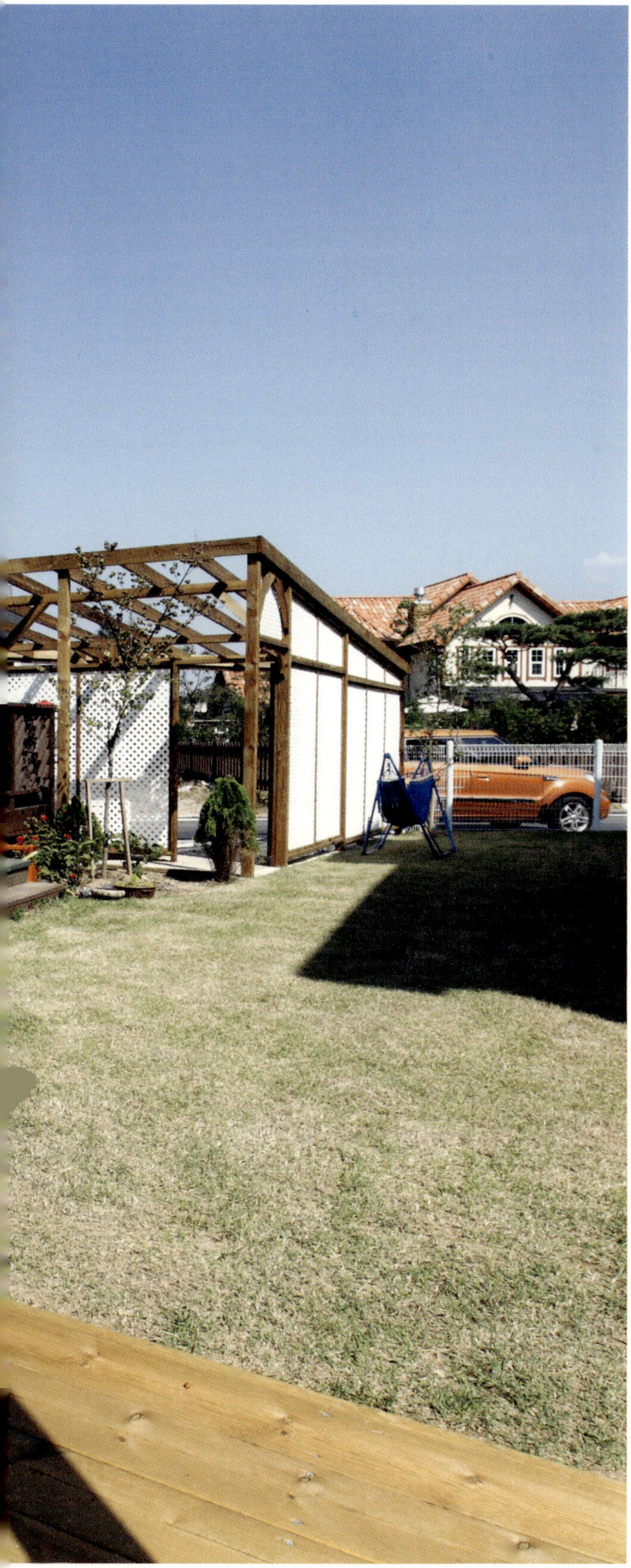

Wood Framed House 13

아이들이
마음껏 뛰어놀 수 있는
놀이터

일산 K&W HOUSE

대지위치	경기도 고양시 일산동구 진밭로
지역지구	보전관리지역
용도	단독주택
건물규모	지하 1층, 지상 2층
대지면적	280.00㎡(85평)
건축면적	55.65㎡(17평)
연면적	214.10㎡(65평)
건폐율	19.88%
용적률	39.75%
주차대수	2대
공법	철근콘크리트구조 + 경량목구조
구조재	2×4, 2×6 SPF 캐나다산
외부마감	스터코, SPRUCE 판재, 벽돌타일
내부마감	실크벽지, 강화마루, 자작나무 몰딩
설계 및 시공	㈜나무와좋은집

일산
K&W HOUSE

K&W HOUSE라는 집의 이름은 금실 좋은 건축주 부부가 각자의 이니셜을 따서 지었다. 외관은 지중해를 연상케 하는 흰색과 파란색으로 강한 컬러 대비를 주어 멀리서도 눈에 잘 띈다.

이 주택은 (사)한국목조건축협회를 통해서 5-STAR, 목구조 부분의 품질을 인증받았다. 5-STAR는 목구조 주택의 품질 향상을 위하여 목조주택 관련 협회서 자발적으로 실시하는 품질인증제도로, 건축주들의 만족도가 높다. 설계도면 사전검토부터 시공 단계별로 한국목조건축협회의 목구조전문가들이 나와서 함께 검토하고 품질을 점검한 후에 인증서를 발급하는 시스템이다.
이를 위해 설계도에서부터 철저히 검토를 하고 구조적인 문제나 설계 및 작업 디테일에 대한 검토자의 의견을 피드백하여 수정 보완이 이루어졌다. 현장 실사 시에도 구조적인 문제나 보완 사항을 체크하여 문제점이나 개선방안이 나올 경우 이를 다시 현장에 전달하여 수정 보완한 후 보고를 하고 다음 공정을 진행하는 방식으로 진행이 되었다.

건폐율이 20%로 제한되어 있는 까닭에, 지하 1층을 마련하고 지상 2층 높이에 다락방까지 짓는 방향으로 설계했다. 지하는 운동실 등 다목적으로 사용이 가능하고, 다락은 아이들을 위한 공간이다.

지하 공사 시 가장 중요하게 고려해야 하는 사항은 바로 습기에 대비한 철저한 검토와 실행이다. 방수는 대부분의 시공사들이 대비를 잘 하고 있지만 결로에 대해서는 아직 미흡한 것이 사실이다. 지하는 결로를 필수적으로 동반하게 되는데, 이를 원천적으로 막는 것은 어렵기 때문에 대책이 꼭 필요하다. 지하 벽 내부에 별도의 드레인 벽이나 보드를 설치해 외부 벽체의 찬 공기를 드레인 벽에서 막아주고 여기서 발생하는 결로를 한곳에 모아서 펌프로 배출하는 것이 방법이다. 물론 환기도 중요하다. 지하실 바닥에 흡기로를 만들면 바닥으로 가라앉은 습기 많은 공기를 밖으로 배출해 낼 수 있다.

주택의 1층은 가족이 모두 모여 생활할 수 있는 공간인 거실과 주방이 놓여 있다. 거실 한편에는 노부모가 방문하는 경우 사용가능한 공간이 따로 준비되어 있다. 계단 이용이 불편할 수 있는 점을 배려했다.
거실과 주방 사이에는 벽을 없애 시각적으로 넓어 보이도록 하였다. 작은 면적의 주택일수록 내벽을 없애면 넓은 공간 확보가 가능해진다.
2층에는 안방과 서재를 구성했다. 서재는 가족 구성원들의 독서와 학습을 위한 공간이기도 하고, 부모와 자녀가 서로 교감할 수 있는 공간이기도 하다. 다락은 오로지 자녀만을 위한 공간이며, 방으로 쓰기에도 전혀 손색이 없다. 낮은 벽체 쪽에는 침대를 배치하여 아늑한 침실이 되도록 하였고, 책상은 반대편 벽면에 설치하여 개방감을 주었다. 벽면과 천장에 창을 달아 다락은 어둡고 침침한 공간이라는 선입견을 확 깼다.

도로에서 바라본 주택의 첫인상은 푸른 빛의 메인 컬러와 백색의 대비로 인해 무척이나 강렬하다.

마당에서 바라본 주택. 파고라와 너른 데크 등은 외부 공간의 활용도를 높여 주택에서의 생활을 더욱 풍요롭게 해준다.

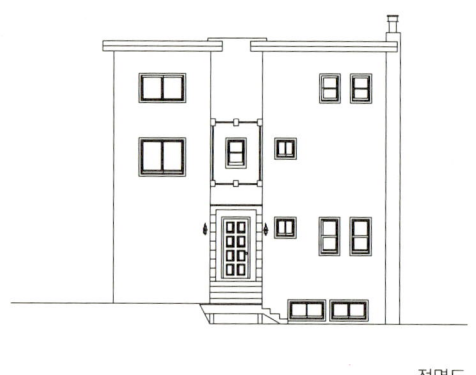

정면도

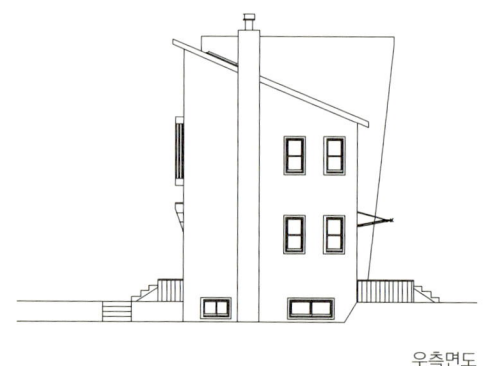

우측면도

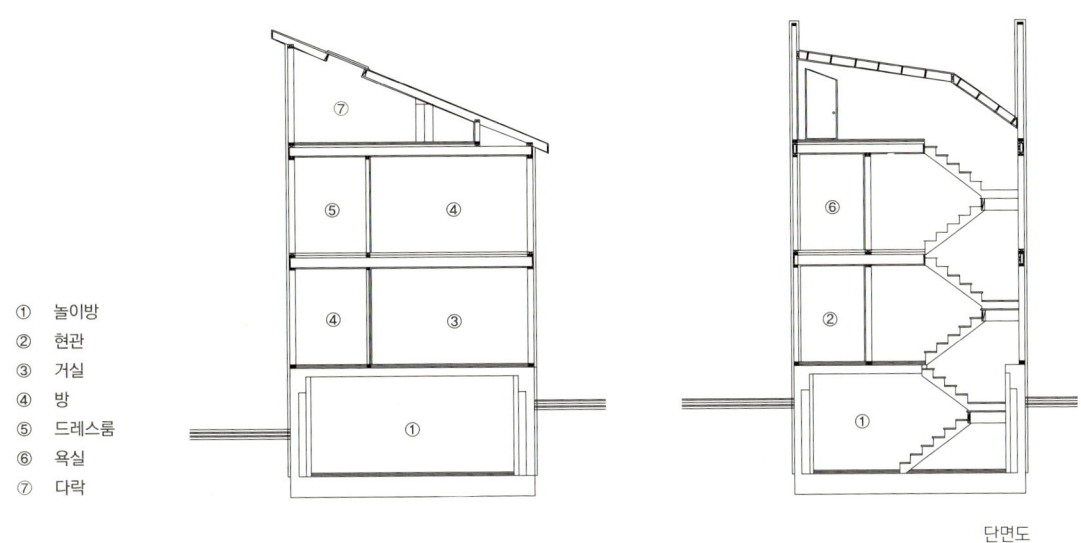

① 놀이방
② 현관
③ 거실
④ 방
⑤ 드레스룸
⑥ 욕실
⑦ 다락

단면도

각 방 역시 화이트 톤의 가구를 배치해 깔끔하고 넓어보이는 느낌을 강조했다.

평면도

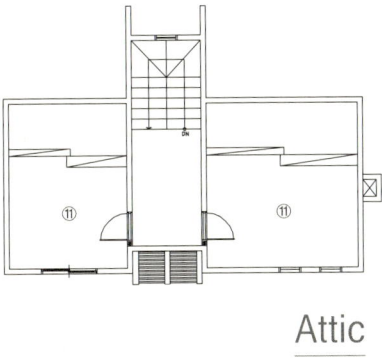

Attic

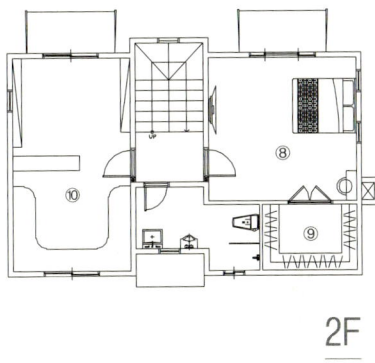

2F

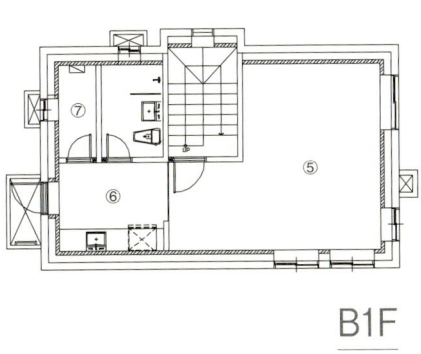

B1F

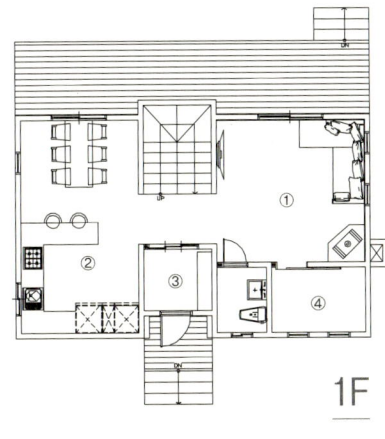

1F

① 거실
② 주방 & 식당
③ 현관
④ 방
⑤ 놀이방
⑥ 세탁실
⑦ 보일러실
⑧ 안방
⑨ 드레스룸
⑩ 서재
⑪ 다락방

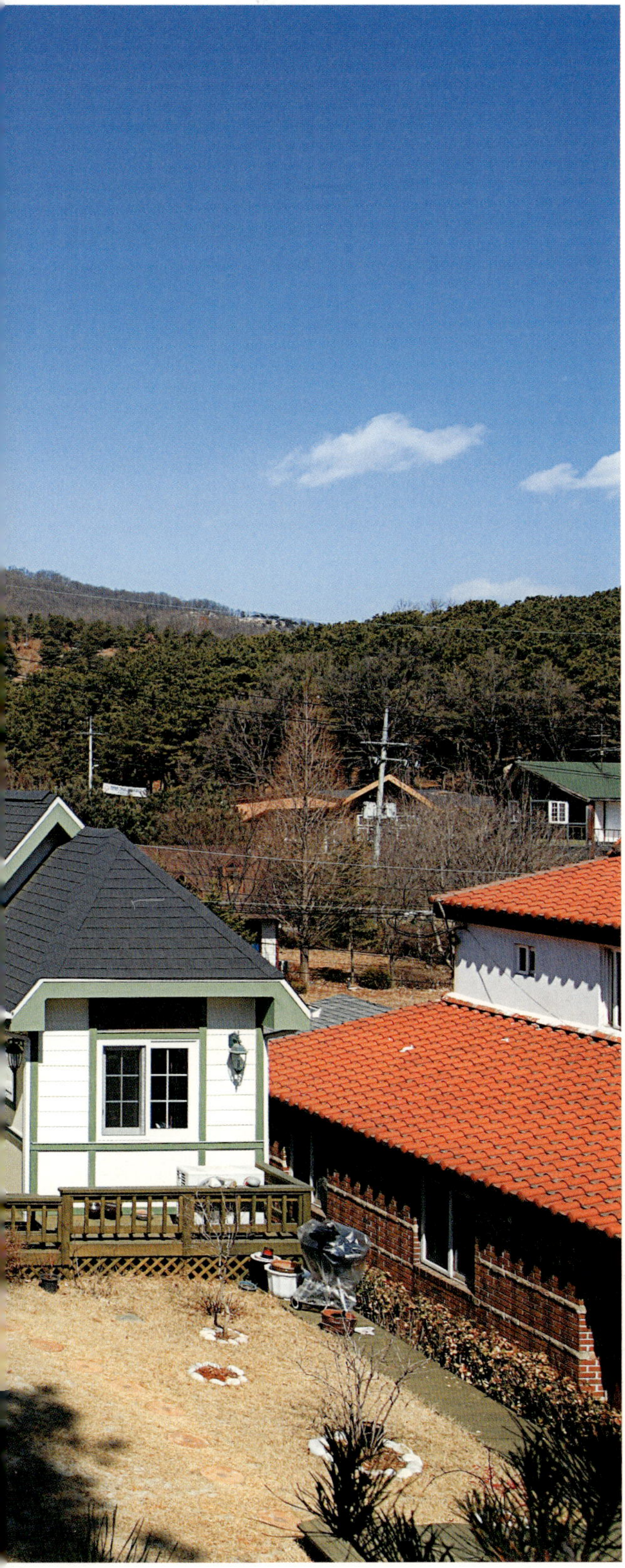

Wood Framed House 14

가족과 지구,
좋은 집을 위한
선택

월롱 고단열주택

대지위치	경기도 파주시 월롱면
용도	단독주택
건물규모	지상 2층
대지면적	617.00㎡(187평)
건축면적	138.31㎡(42평)
연면적	181.96㎡(55평)
건폐율	22.42%
용적률	26.22%
주차대수	2대
공법	기초 - 콘크리트 줄기초 지상 - 목구조 구조재
구조재	캐나다산 SPF
창호재	VEKA 3중 시스템 창호
단열재	수성연질폼
외부마감	파운드리 사이딩, 하디 사이딩, 시멘트 보드, 이중그림자싱글
내부마감	실크벽지, 원목루버
설계 및 시공	㈜나무와좋은집

월롱
고단열주택

대지를 구입한지 15년 만에 짓게 된 첫 단독주택, 목구조와 펠렛보일러를 선택하고 패시브하우스에 버금가는 고단열주택을 짓기로 결단을 내린 것은 모두 건축주의 의지였다. 내 가족이 오랫동안 편안하게 지낼 수 있는 집을 짓는 일에 탄소발생률을 최소화하여 넓게는 지구환경까지 생각한 것이다.

건축주는 건축 디자인부터 공간구성, 내외부 디자인 및 자재 선택은 물론 가구 배치까지 꼼꼼히 챙기는 세심한 성격의 소유자다. 애초에 전체 건물 면적은 크게 할 필요 없이 기존에 살던 아파트와 유사한 150㎡ 정도면 된다고 말했다. 또한 북미스타일의 디자인과 단열성능이 우수한 주택을 요구했다.

패시브하우스라는 개념을 제시하자 공사비 상승에도 불구하고, 범지구적인 부분을 고려하여 흔쾌히 승낙하였다. 그러나 약 30%의 건축비 상승이라는 현실적 문제가 있었고, 전체 상승비율을 10% 정도에 맞추어 에너지 효율은 80~90% 정도로 패시브하우스에 가깝게 만들도록 결정하였다.
이를 위해 고단열 3중 유리 창호와 수성연질폼 단열재, 이중 피복관 전선, 개구부 틈새 기밀성 시공 및 레인스크린을 설치하는 등 기술적 요소들을 적용했다.

평면 또한 1층 공용공간과 안방, 2층에는 자녀들의 방을 남향으로 배치하고, 북측에는 다용도실이나 화장실 등을 두어 실구성에 따른 단열효과를 최대화하였다. 특히 2층 방은 일반적인 평천장 대신, 지붕 경사의 모양을 그대로 살려 독특한 공간감을 주고 천장도 마련했다.

장기간의 난방비를 고려할 때, 패시브하우스는 도입할 가치가 있다. 패시브하우스라고 하면 거창하고 어려워 보이지만, 결론은 단열을 강화하고 꼼꼼히 시공하는 것이 포인트이다. 조금만 더 신경 쓰는 마음가짐만 있다면 건축주나 시공자 모두 쉽게 다가갈 수 있다. 견고하고 우수한 자재를 사용해 짓는 것이므로 공사비가 조금 더 들 수밖에 없지만, 그만큼 건축주의 만족도는 높아진다는 사실이 중요하다.
본 주택은 완벽한 패시브주택이라고 하기에는 다소 무리가 있지만, 패시브하우스 개념을 도입하여 건축비는 낮추면서 에너지 효율을 극대화하는 합리적인 대안을 보여주고 있다.

하얀 북미스타일의 외관이 눈길을 끄는 주택. 가파른 지붕선은 실내 공간에 그대로 노출되어 독특한 공간감을 선사하는 데 일조한다.

월롱 고단열주택

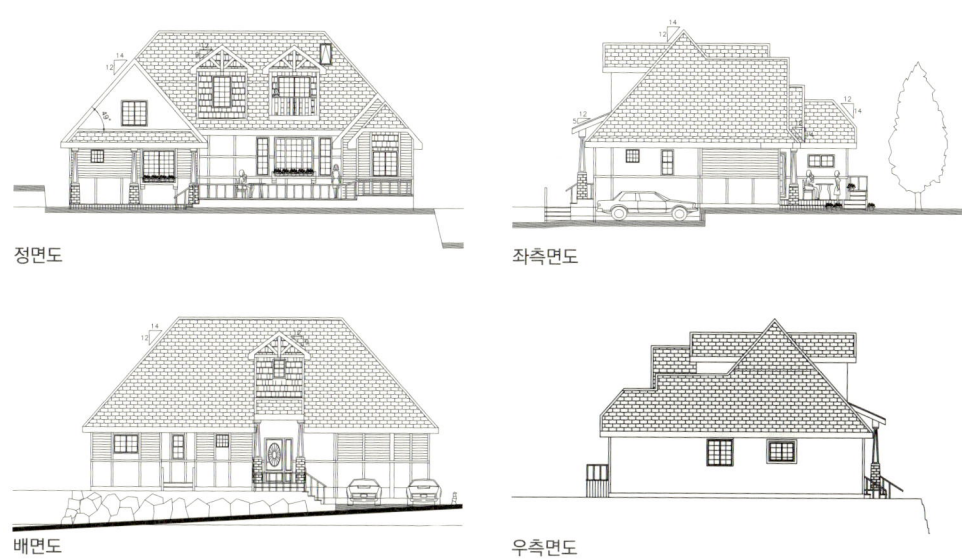

정면도   좌측면도

배면도   우측면도

남쪽으로 낸 널찍한 데크는 건축주가 무척 흡족해하는 부분이기도 하다. 적극적으로 마당을 사용하는데 도움이 될 뿐만 아니라 손님이 방문했을 때 바비큐파티 등 식사를 하는 주요 공간이 된다.

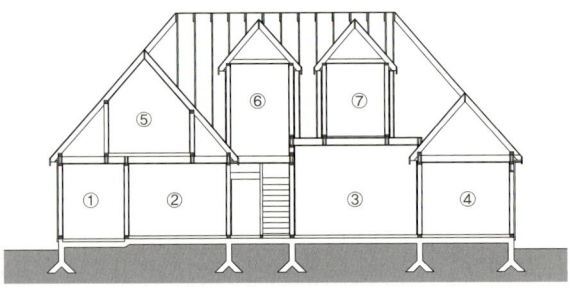

① 욕실
② 안방
③ 거실
④ 주방
⑤ 방
⑥ 복도
⑦ 발코니

단면도

따사로운 햇살이 가득한 실내. 공용공간과 각 층의 침실들을 남쪽으로 우선 배치하여 밝은 조도를 확보함은 물론 겨울철 난방까지 생각했다. 과하지도 모자라지도 않는 면적에 실용적으로 계획한 공간 배치가 인상적이다.

모던함과 클래식이 조화를 이루는 주방과 달리 계단실은 목재 특유의 따스함이 느껴지도록 꾸몄다.

평면도

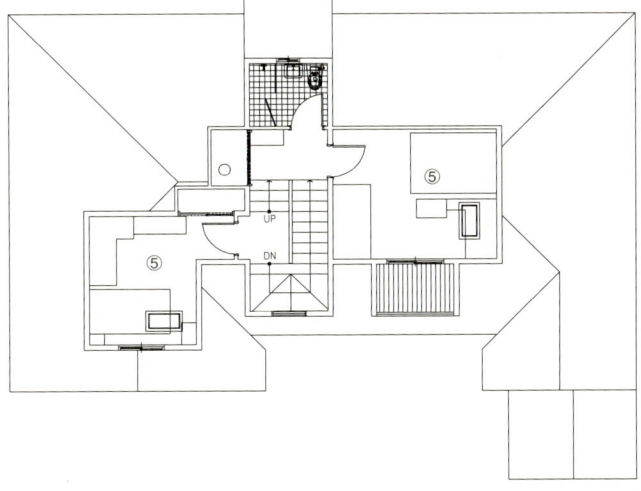

① 드레스룸
② 안방
③ 거실
④ 주방 & 식당
⑤ 방
⑥ 복도
⑦ 보일러실

2F

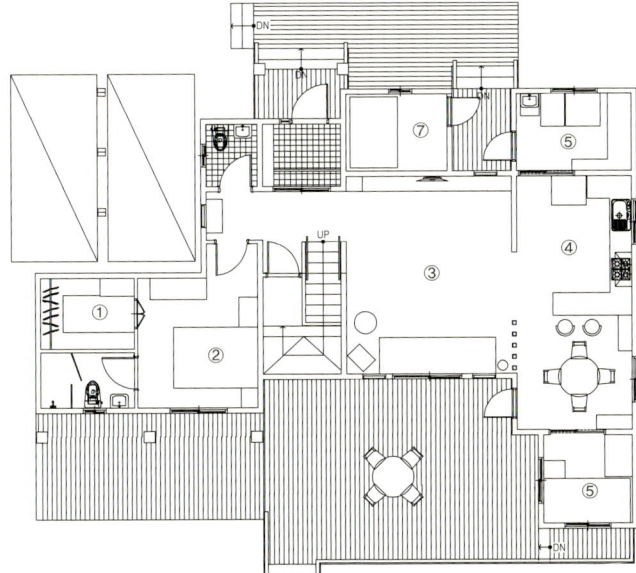

1F

월롱
고단열주택

: 이 집에 적용된
여러 가지 기술적 요소

① 철저한 단열 장치

기초 단부를 단열 처리하여 기단에서 실내로 전달되는 냉기와 온기를 차단하였다. 또한, 기초 상부에서도 바닥에 고단열재를 사용함으로써 기초면으로부터 전달되는 열을 차단한다. 단열재와 단열재 사이의 틈은 우레탄 폼으로 밀실하게 채워 넣었다.

② 고단열 3중 유리 창호의 시공

로이(Low-e) 코팅된 유리와 단열기능이 있는 단열간봉이 사용되었다. 유리 사이에는 아르곤(Argon) 가스가 주입되어 있어 창호의 단열과 차음성능을 최대한 향상된 창호를 사용하였다.

③ 수성 연질폼 단열재 시공

미세한 다량의 공기층을 보유하게 되는 수성 연질폼의 특성으로, 일반적으로 사용하는 유리섬유 단열재보다 단열값이 더 높은 단열재를 사용하였다.

④ 실내 기밀막 시공

실내 골조에 기밀막(PE. FILM)을 시공하여, 단열과 방풍의 효과를 더욱 보강하였다.

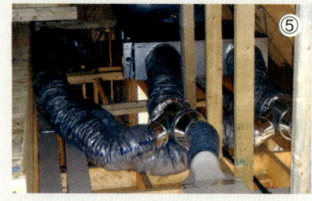

⑤ 환기 공조시스템 적용

환기 공조시스템의 열교환기를 통하여 겨울철 외기의 온도를 높여 실내로 유입시킴으로써 실내 열손실을 최소화하였다. 공조기 내부에 설치되어 있는 필터링 시스템으로 외부 공기의 미세한 먼지들을 걸러낸 후에 실내로 유입시킬 수 있게 하여 실내의 쾌적함을 향상시켰다.

⑥ 펠렛보일러 설치

기름보일러 대신 나무칩인 펠렛을 이용하여 난방을 하는 펠렛보
일러를 설치하였다. 철저한 단열과 친환경 자재 사용으로 난방비
를 절감할 수 있게 하였다.

⑦ 이중 피복관 전선 사용

일반적으로 사용하는 전선 주름관 사이로 외기가 들어오는 것을
방지하고자, 이중 피복 처리된 전선을 사용함으로써 전선의 안전
도를 유지하면서, 외기의 노출을 최소화하였다.

⑧ 창문과 외부 문 틈새 기밀 시공

창문과 외부 문 틈새도 기밀하게 시공함으로써, 겨울철 바람이
일체 스며들지 못하도록 하였다.

⑨ 레인스크린 설치

레인스크린은 외부 마감재와 타이벡(Tyvek) 사이의 공기층을 만
들어 주기 위함이다. 이렇게 만들어진 공기는 외부 마감재에서 스
며든 수분을 실내로 일체 유입시키지 않고, 신속히 외부로 배출
시킨다.

⑩ 설계계획 시 실 배치

남향에 거실과 방들을 배치하고, 북향에 화장실, 현관, 보일러실,
다용도실 등을 배치함으로써 실 배치에 따른 태양의 난방효과를
기대할 수 있게 하였다.

Essay 7

목조주택의 종류와
구조의 이해

목조주택은 통나무주택과 한옥 등 포스트빔 공법의 건물, 2×4 구조목으로 짓는 주택을 통칭한다.
그 중 2×4 구조목으로 짓는 경량목구조 방식이 현재 국내 목조주택 시장의 대부분을 차지하고 있다.

목조주택의 종류

통나무주택　통나무 자체가 구조와 마감재 역할을 하며 나무 느낌 그대로를 살릴 수 있는 장점이
있는 반면, 지속적인 관리가 필요하고 설계와 시공 시에 목재의 수축과 팽창계수를 고려하지 않으
면 문이나 창문이 맞지 않는 등 여러 하자 요인이 발생하므로 특별한 주의가 필요하다. 통나무주택
은 10년 전쯤에 많은 관심을 끌었으나 이 같은 요인과 이해 부족으로 현재는 카페나 산장 등 일부에
만 시공되며 주택이나 펜션 등에서는 건축행위가 거의 이루어지지 않는 추세다.
장점 〉 자연소재이기 때문에 심미적인 안정감과 목재에서 나오는 피톤치드로 인해 쾌적한 실내 환
　　　경이 조성된다.
단점 〉 나무의 특성인 수축팽창을 고려해 설계를 해야 하고 외벽에 관리의 손길이 필요하다. 또한
　　　방수에도 주의를 해야 한다.

한옥　　포스트앤빔(Post & beam) 공법의 대표적 주택이다. 즉 주요 구조체가 비교적 규격
이 큰 나무로 이루어지고 그 사이를 황토나 벽돌 등 다른 소재로 마감을 하는 공법이다. 포스트앤빔
공법은 한옥뿐만 아니라 예전의 초가집, 기와집, 사찰, 궁궐 등에 주로 쓰이던 건축공법이며 현재도
많이 지어지고 있다. 우리나라와 중국, 일본 등이 가장 뛰어난 기술을 가지고 있으며, 앞으로도 계
승 발전을 시켜 나아가야 할 건축기술이다. 다만 이런 좋은 기술이 전통과 고집만을 앞세우다보니
현대적으로 재해석되지 못하여 점차 사라지는 것 같아 안타까울 뿐이다. 전통적인 방법만을 강조하

기 보다는 기계화와 규격화를 제도화하여 대량생산함으로써 건축비를 현실적으로 낮추어 누구나 다른 건축소재와 같은 비용으로 지을 수 있다면 한옥의 세계화도 가능하지 않을까 한다.

장점 〉 자연소재로 인하여 인체에 유익하다. 새집증후군이 없고 실내가 쾌적하다.

단점 〉 관리가 필요하고 현대적인 생활에는 다소 불편하며 건축비가 고가이다.

경량목구조주택 　보통 2×4(Two by four)공법으로 지어진 목조주택이다. 2×4공법은 가로 38 mm, 세로 89mm로 제재된 나무를 이용하여 골조를 세워 건축을 하는 공법이며, 2×4 외에도 2×6, 2 ×8, 2×10, 2×12 등이 구조재 사용된다. 경우에 따라 집성목재인 글루램(Gluram), 아이조이스트 (I-joist), LVL(Laminated Veneer Lumber) 등이 사용된다.

미국, 캐나다, 뉴질랜드, 유럽 등 대부분의 선진국에서 지어지는 주택의 구조이며, 선진국의 경우 5 층 아파트 등도 이러한 공법을 사용하여 건축을 하고 있다. 국내에 지어지는 예쁜 펜션이나 팔각이 있는 전원주택 등이 대부분 이 공법으로 지어진다.

장점 〉 친환경적이며 디자인적으로 아름답다. 지진 등 외부충격에 강하다.

단점 〉 공사 시 방수를 잘해야 하며 외장을 목재 사용 시 관리가 필요하다. 목조주택은 전문 시공사 를 선택하는 일이 중요하다. 나무의 특성과 구조를 잘 알아야 구조적으로 안정된 건물을 완성 할 수 있다.

목조주택의 골조 시공순서

① **씰실러(Sill sealer) 시공** 〉 씰실러는 콘크리트 기초면과 토대(방부목) 사이에 습기 차단과 단열 등의 목적으로 설치하는 폴리스틸렌 재료이다.

② **토대(Mud sill) 시공** 〉 토대는 바닥면에 위치하므로 수분과 목재 부후균으로부터 오래도록 견디 기 위하여 방부목을 사용한다. 미리 꽂아둔 앵커볼트에 맞도록 구멍을 뚫고 끼워 넣은 후 워셔를 끼 워 볼트로 고정한다.

③ **벽체 제작** 〉 목조주택은 캐나다, 미국, 뉴질랜드 등 서방선진국에서 들어온 공법이기 때문에 용 어도 생소하며 길이단위도 인치를 사용하고 있다. 현재 국내의 경우 미터법을 사용하도록 법제화 되어 있지만 오래도록 사용하여 익숙해진 치수단위를 한 번에 바꾸기는 힘들다. (간단하게 인치와 피트를 cm로 바꾸면 1인치=2.54cm, 1피트=30.48cm이고 12인치이다.)

목구조의 이해

구조재　　목조주택에서 사용되는 구조재는 캐나다 등 북미에서 수입되어지는 것이 대부분이다. 구조재는 적당한 강도와 함수율을 가지고 있어야 하며 구조적으로 검증된 자재를 사용해야 한다. 국내에서는 스프러스, 소나무, 전나무 등의 수종을 90% 정도 사용하는데, 강도와 성질이 비슷하여 같은 수종군으로 분류하며 S.P.F(sprus. pine. fir)라고 부른다.

국내 수입되는 S.P.F는 대부분의 2등급으로 함수율 18% 이하의 건조목이다. 1등급은 일본 업체를 위해 제재 후 육안으로 보이는 외관상 좋은 목재를 따로 분류한 것으로, J-grade로 분류하고(약 5%) 나머지 90%는 2등급, 나머지는 3등급으로 분류된다. 국내에서도 간혹 1등급인 J-grade를 사용하지만 구조적으로는 2등급이든 1등급이든 문제는 전혀 없다.

공학목재　　공학목재는 일반 구조목으로 허용되지 않는 길이를 극복할 때 쓰는 구조용집성재로 L.V.L, 글루램, 아이조이스트, 패럴렘(Parallam) 등이 있다. 일반 주거용 주택에서는 많이 사용하지 않으며 공공건물이나 골프장, 클럽하우스 등의 대형건물에 많이 사용된다.

> **》》　　왜 국내산 나무를 사용하지 않고 수입목재를 쓸까?**
>
> 결론부터 말하면 국내산 목재보다 수입목재가 더 저렴하다. 또한 구조적으로도 우수한 품질을 지닌다. 왜 국내산은 가격은 더 비싸면서 품질이 떨어지는 것일까? 설명이 필요 없이 수입목이 조림되어져 있는 나라를 방문해보면 바로 고개가 끄덕여질 것이다. 북미나 뉴질랜드, 일본 같은 나라는 조림이 잘되어 있고 경사가 심한 산악지대가 아닌 평야지에서 벌목이 일어나기 때문에 비용이 현저히 덜 든다. 물론 제재소의 규모나 제재방법 등 기술적인 면에서도 많은 차이를 보인다.

목조주택의 디테일

스터드(Stud)　　집의 형태와 구조를 만드는 스터드는 말 그대로 서있는 기둥이다. 나무로 일정한 간격을 두고 세워지는 것을 말하며 구조물을 지탱하는 가장 중요한 부재이다.

스터드의 간격은 406mm(16인치)이며, 국내에서는 외벽은 2×6를 내벽은 2×4를 사용한다. 하지만 외벽과 내벽 모두 2×4를 사용해도 구조상의 문제는 없으며 내외벽 모두 2×6를 사용해도 된다. 다만 큰 부재를 사용할수록 실내면적은 좁아지므로 참고한다.

헤더(Header) 헤더는 창문과 문 위 등 스터드와 스터드 사이가 기준치인 406mm(16인치) 이상의 개구부 상부에 설치하는 것으로 상부에서 내려오는 하중을 받아 양옆으로 전달, 분산하는 역할을 하는 것으로 이해하면 된다. 만일 개구부에 헤더가 없다면 상층부의 하중이 그대로 전달이 되어 구조재가 아래로 처지게 되며 이로 인하여 문이 잘 안 닫히거나 창문유리에 균열이 가게 된다.

몇 해 전만해도 이러한 기본적인 지식 없이 목조주택을 짓는 곳이 많아 헤더를 사용하지 않는 현장도 있었으나 지금은 오히려 헤더가 필요치 않은 개구부 상부에서 힘을 받지 않는 곳에도 헤더를 설치하는 경우가 많다.

장선(Joist) 장선은 1층의 벽체 위에 태워서 2층의 바닥을 지탱하게 하는 수평부재이다. 상부층의 하중을 받아 벽체로 전달하는 역할을 하기 때문에 하중계산에 의해 부재의 두께가 결정되어야 한다.

목재의 경우 조직이 세로방향으로 나있기 때문에 수직하중에 대한 목재의 지탱력이 대단하다. 하지만 가로방향으로는 약한 편이어서 벽체에 사용되는 목재보다 수평부재인 바닥장선부재와 지붕소재인 Rafter부재는 더 두꺼운 것을 사용하는 것이다.

장선의 경우 적절한 자재를 사용하지 않으면 처짐 현상이 발생하여 방수층과 2층 바닥의 균열이 발생할 수 있으므로 반드시 주의하여야 한다.

O.S.B(Oriented standard board) O.S.B는 합판이다. 목재를 제재하고 남은 조각들을 손가락 정도의 크기로 잘게 부수어 접합제로 접합시켜 만든 판재로써, 구조체를 더욱 단단하게 만들어 주는 역할을 한다. 기둥만 세워놓았을 때는 낭창낭창 거리던 벽체가 이 합판을 취부하면 단단한 구조체를 형성한다. 간혹 국내산 합판으로 시공하는 현장을 보게 되는데, 이는 잘못된 것이 아니다. O.S.B보다는 합판(Ply wood)이 구조적으로 더 튼튼할 수 있다. 다만 품질 좋은 합판(저가의 수입합판)과 적정두께의 합판을 사용해야 한다. 국내에서 유통되는 O.S.B는 대부분의 캐나다산이고, 간혹 칠레산과 브라질산, 중국산이 있다.

못(Nail) 못은 나무와 나무를 연결하는 역할을 한다. 구조용으로 사용하는 못은 융용 도금처리된 것을 사용하며 외부에 노출되는 못의 경우 아연 도금된 못을 사용해야 한다. 못은 나무와 나무를 연결하는 것은 83mm 이상이 되는 것을 박고, 합판은 60mm 이상의 것으로 박으면 된다.

못은 굵다고 좋은 것이 아니다. 못이 굵어지면 나무가 쪼개질 수 있다. 또한 나사못은 나사산이 있어 전단력에는 약하므로 구조에서는 사용하지 않는다.

글루(Glue) 글루는 접착제이다. 글루가 중요한 이유는 글루를 2층 바닥과 계단에 접착하지 않으면 걸을 때마다 삐걱거리는 소리가 난다. 글루는 반드시 적정량을 도포해야 한다.

>> **건축회사가 새로운 제품을 꺼려하는 이유**

건축박람회를 가보면 정말 좋은 신자재와 생각지 못한 아이디어 제품이 많이 출품된 것을 보게 된다. 그런데 왜 건축 시공사는 새로운 제품을 사용하는데 주저하는 것일까?

결론부터 말하면 검증이 되지 않은 제품은 신뢰를 확신하지 못하기 때문이다. 이는 그동안의 경험에 의해서 자연스럽게 생겨난 습관이다. 신제품을 사용했다가 낭패를 본 경우라든가 A/S 처리가 되지 않아 힘들었던 경우, 광고와 달리 효과가 따라오지 못하는 경우 등, 여러 가지 요인이 복합적으로 기인한다고 하겠다.

필자의 경우도 신제품을 사용하는 것을 두려워하지 않는 성향이라고 생각하는데, 막상 새로 계약이 된 주택에는 적용을 꺼리게 된다. 그동안 매년 모델하우스를 지을 때마다 신제품을 많이 적용하여 Test house로 활용을 해보았다. Test house를 통과하면 적극 사용하였지만 통과하지 못한 경우는 고려대상도 되지 못한다.

집은 한번 쓰고 말 물건이 아니라 수십 년을 사람과 함께할 소중한 공간이기 때문에 보다 신중한 자세가 꼭 필요하기 때문이다.

남양주 프렌치하우스

누구나
편안히 지내다 갈 수 있는
휴식처 같은 집

~~~~~~

남양주
프렌치하우스

대지위치	경기도 남양주시 수동면
지역지구	계획관리지역
용도	단독주택
건물규모	지상 2층
대지면적	353.00㎡(107평)
건축면적	125.20㎡(38평)
연면적	187.09㎡(57평)
건폐율	35.47%
용적률	53.00%
주차대수	2대
공법	경량목구조
외부마감	아스팔트싱글
내부마감	실크벽지, 레드파인 루버
설계 및 시공	㈜나무와좋은집

남양주
프렌치하우스

본 현장은 겉으로 보기와 달리 대지의 면적이 작은 편이다. 더욱이 집을 짓고 외부 배관공사를 할 때 장비 진입이 안 되어 애를 먹었다. 일일이 삽으로 땅을 파서 공사를 하다 보니 어려움이 이만저만이 아니었다.
또 프렌치 스타일을 제대로 살리지 못한 외관의 색상 선택이 못내 아쉽다. 프렌치 스타일의 결정적인 요소는 색감인데 건축주의 의견을 우선시하다 보니 약간의 아쉬움이 남는다. 그러나 설계를 함에 있어 디자인과 구조에 대한 부분은 설계자의 의견을 전적으로 수용해준 부분이 감사한 기억으로 남은 집이다.

항상 설계 시 가장 중요한 것은 생활할 건축주의 가족 구성원과 방문 가능한 게스트(Guest)의 성향을 알아보는 것이다. 건축주 가족은 부부와 딸, 그리고 주말마다 방문하는 부모님까지 네 명의 구성원으로 이루어진다. 또 한 가지, 남편이 지인들과 어울리는 것을 좋아하다 보니 친구들을 자주 초대할 예정이다.

건축주는 애초부터 주택 외에 별채를 작게 지어 지인들이 불편 없이 쉬게 하고 싶어 했다. 의도는 좋았으나 이 경우 건물 배치가 까다로웠다. 전용허가를 맡은 대지의 크기도 작을 뿐더러 난방과 관리적인 측면을 고려하지 않을 수 없었기 때문이다.

그래서 결국 한 동으로 설계를 잡고 게스트룸(Guest room)을 2층 한켠에 배치하자는 의견을 내놓았다. 2층에는 발코니를 두어 독립성을 강조하였고, 건물 측면의 둔덕으로 바로 나갈 수 있는 다리를 놓아 1층과 분리되는 성격을 드러내는 것으로 의견을 모았다.

실내 구조의 특징 중 하나는 1층의 욕실 입구에는 핀란드식 건식 사우나실을 별도로 설치한 점이다. 또 자녀방과 부모님의 방은 2층에 두었다. 자녀방은 가장 볕이 잘 드는 곳에 발코니를 계획하여 신경을 썼고, 앞쪽에는 뻐꾸기창을 통해 하늘이 보이도록 하였다.
공사를 마친 후 집 앞을 가로 막았던 잡목을 모두 거두어 풍성한 정원으로 탈바꿈시켰다.

뾰족한 지붕선과 뻐꾸기창이 인상적인 남양주 주택 외관. 독특한 형태의 데크 역시 눈길을 끄는 부분이다.

정면도

우측면도

한적한 산기슭 마을에 자리하고 있는 장점을 최대한 살려 외부공간의 구성에도 신경을 많이 썼다.

237

뾰족한 박공지붕은 내부에서도 오롯이 드러나 있다. 그린 계열의 컬러로 차분한 실내 분위기를 완성하였으며 벽난로를 비롯한
거실의 주요 가구는 블랙, 주방은 화이트 톤으로 통일시켰다. 날씨가 좋은 날이면 천창을 통해 밝은 빛이 쏟아져 들어와 넉넉한
거실공간을 가득 채운다.

창밖으로 주변 자연이 바로 이어지는 각층 침실의 풍경. 붙박이장과 비스듬한 지붕선이 드러나는 천창 등으로 침실 본연의
분위기에 충실한 인테리어에 집중했다.

평면도

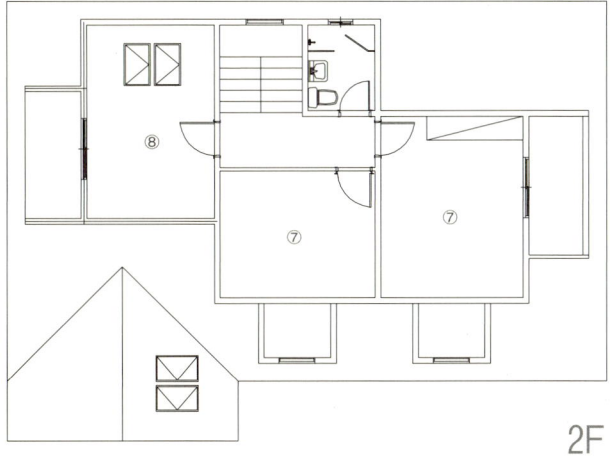

2F

①	거실
②	주방 & 식당
③	현관
④	안방
⑤	서재
⑥	보일러실
⑦	방
⑧	다락방

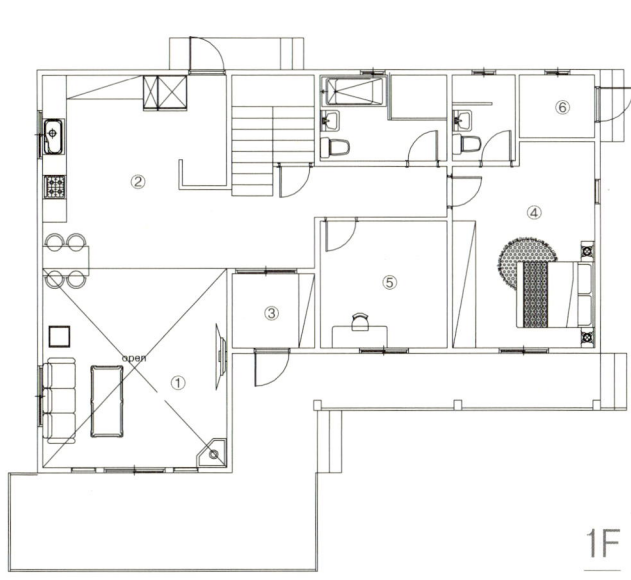

1F

Wood Framed House 16

멋스런
전원주택의 운치가
흐르는 집

~~~~~~~~~~

심학산 주말주택

대지위치	경기도 파주시 교하읍
지역지구	계획관리지역
용도	단독주택
건물규모	지상 2층
대지면적	473.00㎡(143평)
건축면적	131.41㎡(40평)
연면적	199.19㎡(60평)
건폐율	27.78%
용적률	42.11%
주차대수	1대
공법	경량목구조
구조재	캐나다산 SPF
외부마감	스터코플렉스, 벽돌, 스페니쉬기와
내부마감	실크벽지, 아트월
설계 및 시공	㈜나무와좋은집

심학산
주말주택

멀리 서울과 한강, 김포, 북한까지 조망이 가능한 파주의 심학산. 그 심학산 자락에 개발된 주택단지는 전형적인 배산임수 터이다. 남향을 바라보며 앞으로는 평야 지대이고 멀리 한강이 흐른다. 뒤편으로는 심학산이 자리를 잡고 있다.

건축주는 교하의 하이델베르그를 눈여겨본 터라서 디테일한 마감의 차이를 먼저 이해시켜야만 했다. 똑같은 구조에 똑같은 소재를 사용하더라도 부분별 세부 공사에서 건축비 차이가 날 수 밖에 없는 요인을 차근차근 설명하였다.
예를 들어 교하 하이델베르그의 경우 훼샤(지붕이 끝나는 마무리 부분) 처리를 4단으로 시공하였다. 시공 후에는 보드를 대고 퍼티작업을 하여 스터코로 마감하여 비용이 많이 들어 갈 수밖에 없는 구조이다. 반면 이 주택은 건축비용을 고려해 목재에 오일스테인으로 처리하였다.
이처럼 디테일에서의 작은 차이는 전체적인 건축공사 비용에서 큰 차이를 가져온다. 때문에 단순히 면적이나 자재만을 가지고 건축비를 비교한다는 것에는 다소 무리가 있다.

4단으로 시공한 지붕   목재를 이용하여 1단 시공한 모습

이밖에도 여러 가지 요소에 의하여 건축비용은 집마다 차이를 보이게 된다. 그러므로 좋은 시공사를 선택하는 것이야말로 중요하다고 할 수 있겠다. 아무리 많은 건축비를 들이더라도 그것을 제대로 표현해내고 현실화시킬 수 없는 시공사를 만나면 소용이 없기 때문이다. 똑같은 도화지와 색연필을 주고 그림을 그리라고 했을 때 구도와 원근을 잘 살린 그림과 그렇지 않은 그림의 차이라고나 할까.
그림을 잘 그리는 시공업체를 만나야 좋은 집을 그릴 수 있다.

벽돌과 스페니쉬기와로 따스한 색감을 잘 표현해낸 주택의 외관.

넓은 마당 한쪽으로는 테이블과 벤치를 두어 휴식을 위한 주말주택의 용도를 한껏 경험할 수 있도록 했다. 전면을 향한 넓은 창과 널찍한 데크에서도 여유로움이 느껴진다.

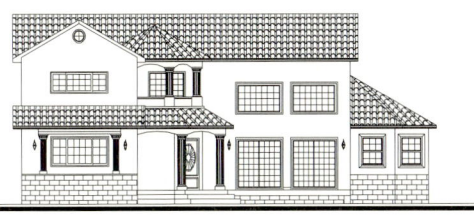

정면도

우측면도

🏠🏠 2개 층을 오픈하여 뒷벽을 따라 길게 계단을 설치한 거실. 고풍스런 샹들리에와 단조 난간, 잘 꾸며진 아트월과 패브릭 등에서 건축주의 감각을 엿볼 수 있다. 거실의 넓은 공간감은 액자 형식의 가벽을 설치해 주방 및 식당과 분리를 꾀하였다.

각각의 용도에 충실하게 꾸며진 서재와 침실. 가구와 실내 마감재 등에 통일감을 주어 집 전체의 분위기를 이끌어간다.

평면도

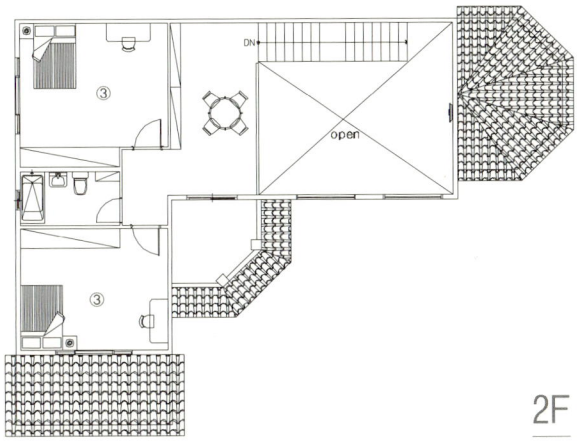

① 거실
② 안방
③ 방
④ 현관
⑤ 주방 & 식당
⑥ 드레스룸
⑦ 서재

2F

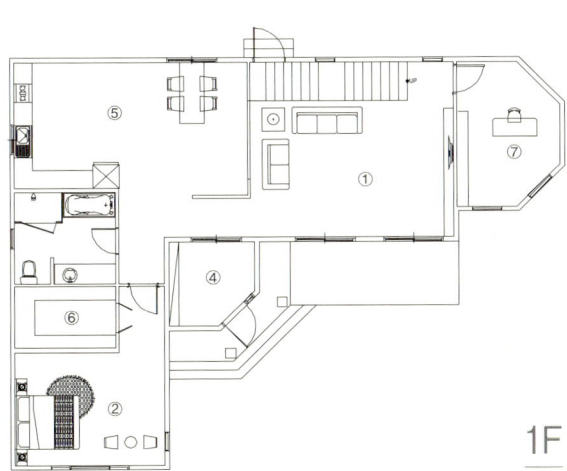

1F

Essay 8

캐나다 현장에서 배운
합리성과 융통성

목조주택 짓는 일을 하면서 가장 와 닿는 단어는 '합리성'이다. 나무집은 비합리적이거나 포장된 외관, 치장된 예쁜 것에는 관심이 적은 분야다. 특히나 캐나다의 현장에서는 구조적인 문제 즉, 품질에 문제가 없다는 전제 하에서는 합리성을 가장 먼저 따진다. 다만, 그 기본의 기준이 우리나라와 조금 다르다.

국내의 건축현장을 가보면 골조나 기본은 대충대충 하면서 눈에 보이는 외관이나 인테리어는 예쁘게 꾸며 현혹하는 것을 자주 볼 수 있다. 그러나 캐나다의 기준은 조금 더 엄격하게 지킬 것은 반드시 지킨다. 치장과는 거리가 있다.

이를 설명하기 위해 캐나다 밴쿠버와 휘슬러의 중간지점쯤에 위치하고 있는 듀플렉스 주택 공사현장을 방문하고서 느낀 합리성에 대하여 이야기해 보겠다.

캐나다의 듀플렉스 주택 공사현장

한참 건축공사가 진행 중인 어느 듀플렉스 주택의 현장이다. 견학을 위해 현장에 도착하자마자 가장 먼저 안전모와 안전조끼를 착용하게 한다. 현장의 토목공사 진행과정은 좀 어수선하고 심지어 불안해보이기도 하지만 그래도 차근차근 건축은 이루어진다.

폐열회수환기장치   레인스크린

현장에서 가장 먼저 궁금했던 것. 캐나다 목조주택에서 기본으로 적용되는 폐열회수환기장치다. 보통 주택에서 창문을 열어 환기를 시키면 실내의 열을 외기에 바로 빼앗기게 되므로 환기장치를 통하게 된다. 이때 바깥의 찬 공기가 그대로 집안으로 들어오는 대신 실내의 공기와 만나 온도를 믹스시켜 들여보내는 장치가 바로 폐열회수환기장치이다. 즉, 환기장치의 공기통로 역할을 하는 것이다. 우리나라의 경우 대형빌딩에는 설치되어 있지만 일반 가정집은 아직까지 보급이 미미하여 일부 패시브하우스에만 적용되는 수준이다. 그러나 조만간 국내에서도 필수적으로 설치될 것이다.

그 다음 사진은 캐나다의 목조건축이 기본에 충실함을 엿볼 수 있는 또 한 장의 컷이다. 벽체를 세우고 외부에 얇은 목재와 사이막을 덧댄 레인스크린 시공 장면이다. 이는 벽체와 외장재 사이에 공극을 만들어 혹시라도 빗물이 벽체에 침투하면 그 사이공간으로 흘러내려 벽체를 보호하게 된다. 또한 이 레인스크린은 공기를 통하게 하여 목재를 오래도록 보호하는 역할을 한다. 국내의 경우에도 최근에는 이 레인스크린을 적용하는 업체가 점점 늘어나고 있다.

전기배선 작업   핑거조인트

또 캐나다 목조주택 공사현장에서는 전기배선이 주름관 없이 그대로 연결된 것을 볼 수 있었다. 주름관을 설치하지 않으면 작업시간이 절약되고 구멍을 넓게 뚫지 않아도 되므로 구조적으로도 안전하며, 주름관으로 들어오는 황소바람도 막을 수 있어 훨씬 합리적이다. 사실 주택을 완료한 후에 배선을 다시 하게 되는 일은 거의 없기 때문이다.

다음으로는 곳곳에 사용된 핑거조인트 목재. 핑거조인트는 손가락이 서로 물려 있는 모양으로 자투리 나무를 접합시켜 놓은 것을 말한다. 물론 이음매 없는 목재가 가장 좋은 목재이다. 그런데 캐나다 빌더들은 왜 좋은 목재는 다른 나라에 수출하고 핑거조인트를 구조재로 사용할까.

핑거조인트 목재는 구조재를 만들고 남은 자투리를 붙여서 만든 것으로, 수평부재로는 사용하면 안 된다. 그러나 수직구조재로는 사용해도 아무 이상이 없고 자원을 절약할 수 있으므로 이곳에서는 아무 거리낌 없이 사용하고 있는 것이다.

캐나다에서는 목재가 그렇게 풍족한 데도 불구하고 공사장 바닥의 나무 조각 하나도 허투루 버리지 않는다. 나무에서 나온 껍질이나 톱밥까지도 화단에 깔아 잡초 예방용 등으로 재사용된다. 정말 합리적이고 나무를 사랑하는 나라임에 틀림없다.

합리성을 최우선으로 진행되는 공사현장

또한 캐나다에서는 위 사진에서처럼 물에 불어 썩은 것처럼 보이는 나무도 모두 구조재로 사용한다. 골조가 완성된 후에 구조재의 함수율을 측정하여 수분이 많으면 건조될 때까지 기다려 건조가 된 것을 확인하고 다음 공정으로 넘어가기 때문에 가능하다. 또 마감 이후에도 외부에 두른 타이벡이 있어 더 이상의 수분을 침투시키지 않기 때문에 건조는 지속적으로 일어난다.

사진에는 없지만 콘크리트가 덕지덕지 묻은 나무도 흔히 볼 수 있었다. 기초를 칠 때 쓰던 나무를 재활용하는 것이다. 우리나라에서 그런 나무를 쓰면 큰일이 나겠지만 합리주의로 똘똘 뭉친 캐나디언들은 아무렇지도 않게 말을 한다. "구조적으로 전혀 문제없습니다."

물론 이러한 모든 상황을 단순히 문화의 차이로 치부할 수도 있겠지만, 그러기에는 우리가 손해를 보는 느낌이다. 나무가 저토록 흔한 나라에서도 조각을 모아서 남김없이 쓰는데, 우리 현장에서는 자투리 나무가 남으면 "아깝다" 말하면서도 쓰레기로 버리든 불을 때든 없앤다. 변변한 나무도 많지 않은 우리나라 현실을 생각할 때, 크게 반성할 일이다.

Wood Framed House 17

카메라를 닮은
카페 안에 앉아 즐기는
휴식과 여유

~~~~~~~

양평
꿈꾸는 사진기

대지위치	경기도 양평군 용문면 한솔길 35
지역지구	계획관리지역
용도	단독주택 및 카페
건물규모	주택 – 1층, 카페 – 2층
대지면적	902.00㎡(273평)
건축면적	101.18㎡(31평)
연면적	134.18㎡(41평)
건폐율	11.22%
용적률	14.88%
주차대수	2대
공법	경량목구조
외부마감	스터코
내부마감	실크벽지
설계 및 시공	㈜나무와좋은집

양평
꿈꾸는 사진기

건축주는 사진기 하나를 들고 우리 사무실을 방문했다. 평소 취미로 사진기를 모으고, 촬영을 즐긴다는 그가 보여준 사진기는 '롤라이플렉스 미니디지'라는 작은 디지털카메라. 나중에 알고 보니, TV에도 가끔씩 등장하는 제법 유명한 카메라였다. 요구사항은 "이 카메라와 꼭 닮은 카페 건물을 만들어주세요!"

실제 카메라를 옆에 두고 각 부위별 치수를 재가면서 카페 외관의 형태와 크기, 색상의 범위 등을 결정하고 건물을 설계했다. 공사할 때 가장 조심스럽게 진행된 공정 역시 외부 마감재인 스터코 작업이었다. 건물의 외부 여기저기에 곡선 요소가 많고, 메인 색상도 세 가지라서 보양을 여러 번 해야 했기 때문이다.

대지는 주위로 농가가 드문드문 보이는 한적한 시골길 옆에 자리한다. 건축주 가족의 생활도 함께 이루어져야 했기에 카페 옆으로는 아담한 목조주택 한 채를 별도로 지었다. 꼭 필요한 공간만으로 이루어진 단층 주택이지만 실내에는 건축주 부부의 인테리어 센스가 돋보이는 살림살이와 소품들로 가득하다.

꿈꾸는 사진기 카페의 실내는 그동안 건축주가 수집해온 카메라를 전시할 수 있는 공간과, 카메라를 좋아하는 이들과 편하게 마주하며 이야기를 나눌 수 있는 공간으로 꾸며져 있다. 입구에 들어서자마자 한쪽 벽에는 건축주가 모은 갖가지 카메라와 소품들이 꽉 차게 전시되어 있다.

각 층마다 테이블에 앉아 원형의 창을 통해 외부를 내다보는 경험 또한 신선하다. 독특한 외형으로 인해 국내보다 해외에서 더 관심을 보이는 것도 이 집의 특징이다. 유명 웹진인 design boom(www.designboom.com)에 소개되어 홍콩의 길 그룹이 내한하여 광고를 찍기도 하였다.

주말은 물론 평일에도 카페를 찾는 이들이 늘고 외국인들의 관광코스로도 인기가 점점 높아지고 있는 꿈꾸는 사진기 카페. 카메라와 사진에 관심이 있다면 한 번쯤 들러서 카메라와 건물도 둘러보고, 건축주와 담소를 나누어 보는 것도 좋겠다.

 카메라를 꼭 빼닮은 외관으로 많은 관심을 받고 있는 꿈꾸는 사진기 카페.

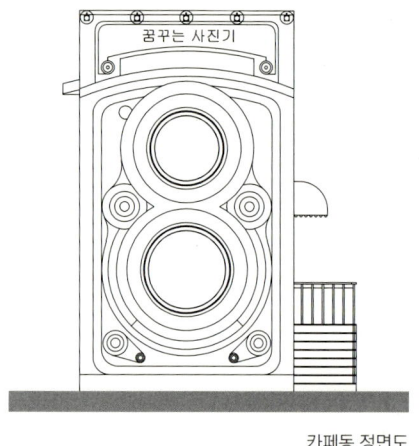

꿈꾸는 사진기

카페동 정면도

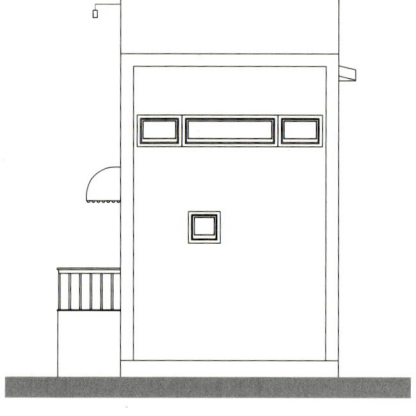

배면도

우측면도

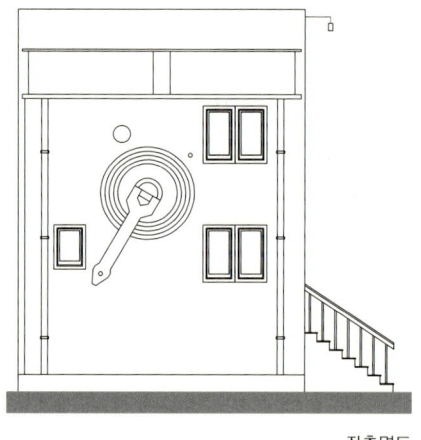

좌측면도

원형 렌즈를 통해 외부를 시원스레 내다볼 수 있는 카페 1층 내부. 벽면에는 건축주 부부의 카메라 사랑이 느껴지는 소품과 실제 카메라들이 빼곡히 진열되어 있다.

카페 2층 역시 곳곳에 아기자기한 소품과 가구들이 가득하다. 평일 주말 할 것 없이 커피와 카메라를 사랑하는 이들이 이곳을 즐겨
찾는 이유다.

주택동 정면도

좌측면도

건축주 가족이 살고 있는 바로 옆의 아담한 목조주택. 알차게 꾸며진 실내 공간이 깔끔하다.

평면도

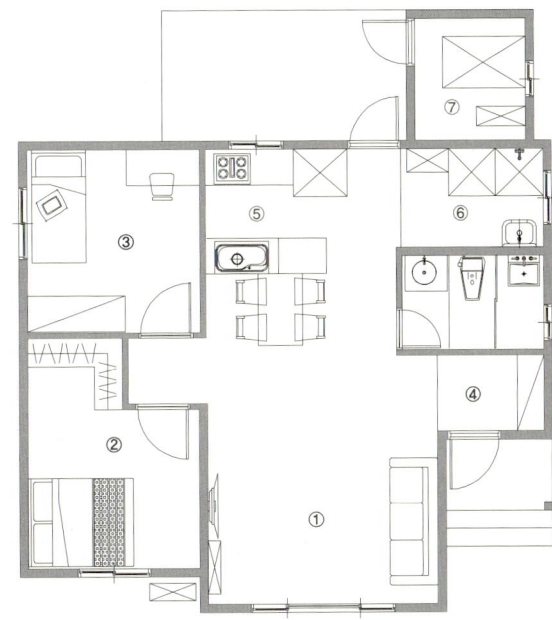

1. 거실
2. 안방
3. 방
4. 현관
5. 주방
6. 다용도실
7. 보일러실
8. 홀
9. 포토존

주택동 1F

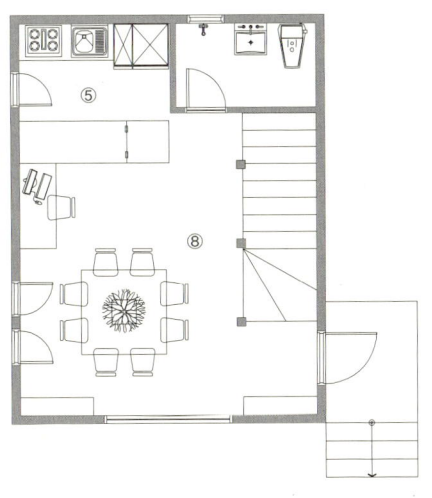

카페동 1F

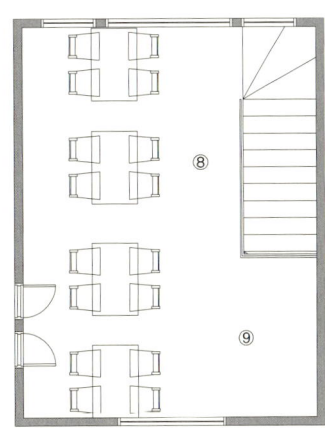

2F

공간의 활용에 따라
변형이 가능한
분리형 주거공간

수원
젠 스타일 주택

대지위치	경기도 수원시 권선구 세화로
지역지구	제1종일반주거지역
용도	단독주택
건물규모	지상 2층
대지면적	302.00㎡(91평)
건축면적	103.58㎡(31평)
연면적	191.39㎡(58평)
건폐율	34.4%
용적률	63.37%
주차대수	2대
공법	경량목구조
외부마감	스터코, 아스팔트싱글, Kmew 외장재
내부마감	실크벽지, 동화 인테리어월
설계 및 시공	㈜나무와좋은집

수원
젠 스타일 주택

주택이 들어설 부지는 오래 전부터 자연발생적으로 하나둘 집을 짓기 시작하여 형성된 마을의 한가운데 자리하고 있다. 그렇다보니 각각의 대지 형태가 평범하지 않은 곳이기도 하다.
이 집의 주인은 깔끔하고 심플한 젠 스타일의 디자인을 선호하였다. 때문에 풀어야 할 숙제는 '주어진 면적을 어떻게 하면 가장 효율적으로 활용하면서, 깔끔하고 단아한 스타일의 건축물을 설계할 것인가'였다.

반듯하지 못한 땅에 건물과 두 대의 주차 공간 확보, 그리고 시원스런 정원을 만들어야 하는 과제가 설계자로서는 고민스러운 부분이었다. 이런 경우 자칫하면 평면구조가 대지의 모양을 따라가 요철이 많은 구조로 형성되어 지붕을 풀어내기 무척 어렵게 될 수 있기 때문이다.
본 주택의 경우도 토지의 활용과 지붕구조로 인하여 많은 고민을 하였다. 해결책은 돌출된 건물을 분리하여 별도의 매스로 잡아, 메인은 박스형으로 설계하였다. 물론 지붕의 처리는 한쪽으로 경사가 지도록 하였다.

실내는 건물의 외관과 조화를 이루는 단정한 인테리어를 추구하였다. 거실은 천장고를 높여 개방감을 살리되 단열까지도 잡을 수 있도록 하였다.
2층은 추후 자녀들이 분가할 경우 임대를 위해 개조가 가능하도록 설계하였다. 현재는 자녀들과 함께 살 공간이 필요하지만 추후 노부부만 살기에는 크고 적막한 주택이 되기 십상이기 때문이다.
이런 점에 착안하여 1층과 2층이 서로 분리되는 공간을 만들었다. 계단실에 문을 달아 두 층을 연결하면서도 2층으로 바로 올라갈 수 있는 현관을 따로 계획한 것이다. 이를 위해 건축허가도 다가구주택으로 받아 두었다.

이 주택에서 대형 평수의 주택들에 내재된 고민을 풀어주는 실마리를 찾을 수 있을 것이다. 변화하는 새로운 생활양식을 능동적으로 반영한 주택이다.

박스형 메인 매스에 모노톤의 외장재를 사용해 젠 스타일을 완성하였다.

정면도

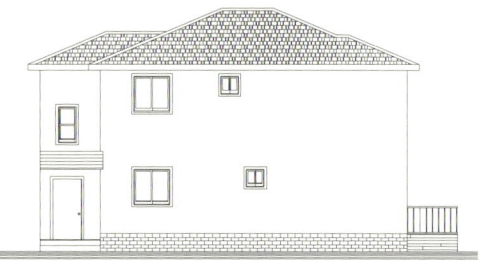

좌측면도

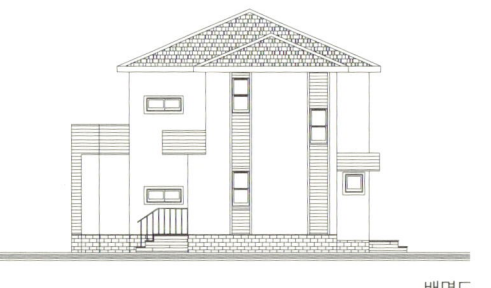

배면도

우측면도

정면으로는 관목을 빽빽히 심고 소나무를 식재하여 거실로 향하는 외부의 시선을 한 단계 차폐하도록 했다.

279

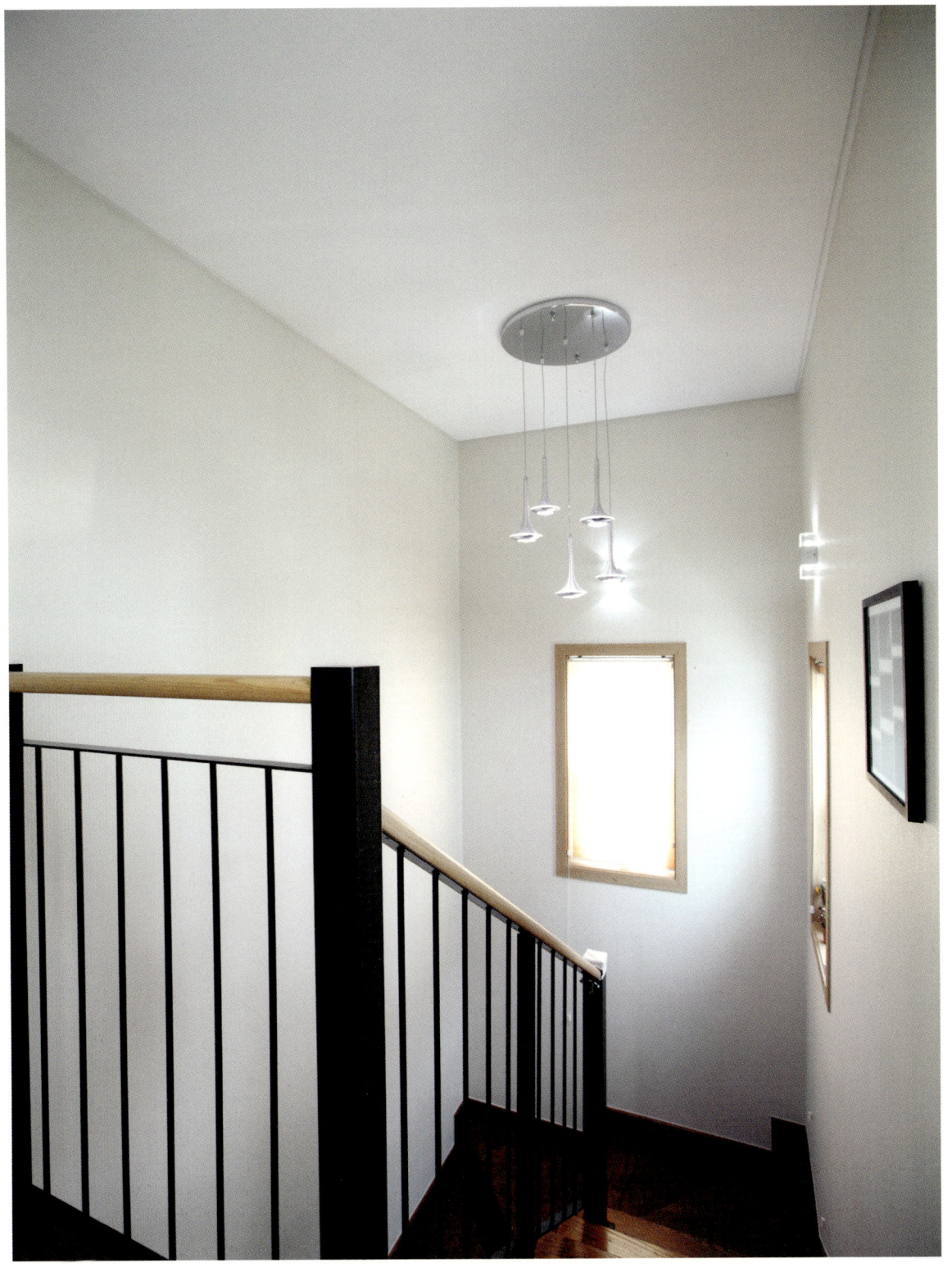

실내 또한 심플하고 단아한 스타일을 기본으로 가구와 조명 등을 선택해 인테리어 작업을 진행하였다.

2층은 자녀를 위한 공간으로 꾸며졌는데, 추후에는 세입자를 위한 공간으로 탈바꿈할 수 있도록 변형 가능하게 설계하였다.

평면도

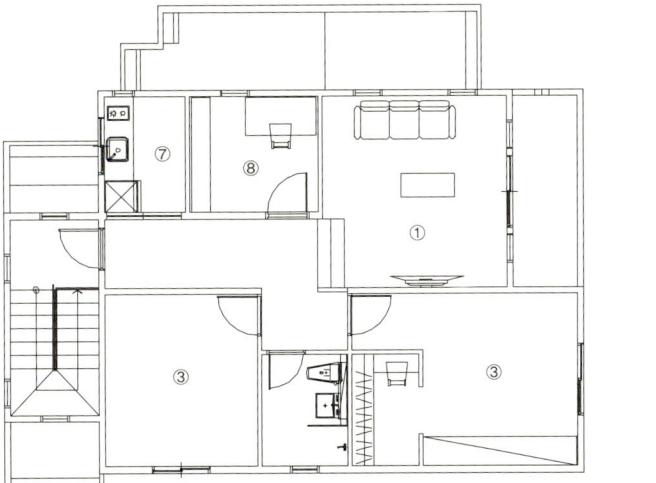

2F

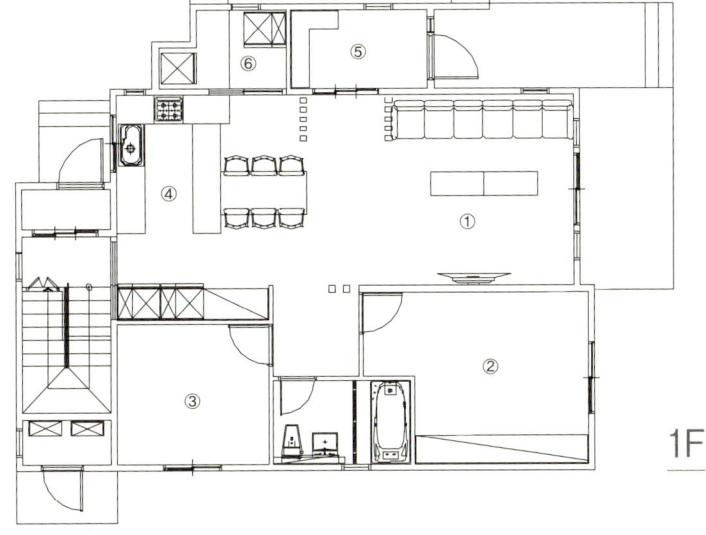

1F

① 거실
② 안방
③ 방
④ 주방 & 식당
⑤ 현관
⑥ 다용도실
⑦ 간이주방
⑧ 시재

Essay 9

단독주택 건축시장에서
외면 받는 한옥

국내 주택 건축시장에서 목조주택의 바람이 거세다. 몇 해 전까지만 해도 일반 단독주택은 철근콘
크리트 주택이 80% 이상을 차지하고 있었는데, 이제는 조금씩 목조주택으로 바통을 넘겨주는 분위
기다. 시장의 흐름으로 볼 때 일반 주택시장의 대세는 자연친화적인 소재인 목조주택이 될 수밖에
없다.

목조주택은 크게 경량목구조와 중목구조인 포스트&빔 구조로 나뉜다. 경량목구조는 주로 소형 단
독주택에 많이 쓰이고 중목구조는 한옥이나 비교적 규모가 큰 건축물에 적용된다.

이렇게 곳곳에서 목구조주택이 지어지고 있지만 그 중 한옥을 찾아보기는 쉽지 않다. 대부분 북미
에서 발달한 경량목구조와 일본에서 복합목구조(중목구조와 경량목구조의 결합)다.

한옥, 비싸고 규격화돼 있지 않아

한국에는 전통적인 중목구조인 한옥이 있지만 건축시장에서 외면 받는 가장 큰 이유는 무엇일까.

첫째, 가격이 비싸다. 한옥을 제대로 지으려면 3.3㎡(1평)당 800만원 가량은 주어야 한다. 개량한옥
의 경우 600만원대에 지을 수도 있지만, 이것도 주택의 가격치고는 너무 비싸다.

둘째, 단열 문제다. 물론 여러 단열공법을 적용하면 단열치를 높일 수 있다. 하지만 체계화되어 있
지 못하고, 한옥구조에 맞도록 제품화된 것도 없다. 말 그대로 주먹구구식이다. 건축하는 사람의 의
지와 생각에 따라 기준이 다른 것이다.

셋째로, 평면구조의 문제를 들 수 있다. 한옥을 현대적으로 재해석을 하는 경우가 많지만 그래도 핵
가족시대인 현재의 생활패턴과는 좀 동떨어진 형태다. 현대인에게 쉽게 받아들여지지 않는 이유다.

넷째는 규격화의 문제다. 북미식 경량목구조의 경우 각재의 사이즈와 부재, 창호 사이즈 등을 모두
정해놓고 목재는 제재소에서, 부재와 창호는 공장에서 모두 대량생산한다. 건축가들은 정해진 규격

과 부재를 이용해 설계한다. 이에 반해 한옥은 설계를 먼저하고 설계에 따라 목재를 제재하며, 창호를 제작한다. 미리 대량생산을 할 수가 없다. 때문에 당연히 가격이 올라가고 품질은 일정치 않게 된다.

마지막으로 각종 제도와 건축법규상의 문제점이다. 예를 들어 한옥은 곡선미가 생명이다. 용마루를 타고 내려온 지붕선은 지붕의 모서리에서 한껏 들어올려 그 멋스러움이 완성된다. 이 경우 처마의 길이는 자연스럽게 길어질 수밖에 없다. 그러나 현행 건축법에서는 대지경계와의 기본 이격거리를 50㎝ 이상 두도록 되어 있다. 그 기준점이 외벽선이 아닌 처마 끝선이다. 즉 처마가 없는 네모반듯한 형태의 건축물은 대지경계에서 50㎝만 띄우면 되지만, 한옥의 경우 처마길이가 100㎝라면 이격거리는 150㎝가 되는 것이다. 그만큼 땅을 효율적으로 쓰지 못하게 된다. 건축비용을 제외하고서라도 한옥이 서울 등 도심지에 쉽게 들어올 수 없는 결정적인 이유다.

한옥을 위해 할 수 있는 일

한옥을 살리는 길은 의외로 간단하다.

첫째, 정부 주도로 한옥을 규격화해야 한다. 전통만을 고집하다가는 점점 커지는 단독주택 시장이 곧 외국 건축양식의 주택들로 가득 채워질 것이다. 한옥을 살리기 위해서는 먼저 목재의 치수를 모두 규격화해야 한다. 여기에 각 부재가 가지는 수직하중력과 수평하중의 저항값 등의 표준을 마련하고 이에 따른 표준설계를 만드는 것이 우선이다. 또 여기에 들어가는 부자재와 제품들도 규격화하고 자동화도 수반되어야 한다.

둘째, 한옥자재 전문 유통센터를 건립해야 한다. 창호, 도어, 단열재, 지붕재 등을 공장에서 대량생산해 이를 유통할 수 있는 종합유통센터를 만들어야 한다. 유통센터에 가면 한옥을 지을 수 있는 자재를 원스톱으로 구매할 수 있도록 하는 것이다. 이러한 일을 민간업체가 하기에는 시장성 문제와 투자금 문제 등이 걸림돌로 작용한다. 정부 산림청 산하의 산림조합과 같은 기관이 나서서 규격화된 제품을 대량생산하고 유통구조를 개선하면 좋을 것이다. 이렇게 되면 한옥도 쉽게 설계하고 누구나 자재를 저렴한 가격에 구입할 수 있으며, 건축비는 자연스럽게 줄어들게 된다.

셋째, 관련법을 수정해 한옥구조가 다른 건축구조보다 불리하지 않도록 해야 한다. 앞서 말한 이격거리뿐 아니라 구조계산에 따른 문제, 방화규정 문제 등 전반적인 개선이 필요하다.

서울을 비롯한 지방의 일부 자치단체에서는 한옥건축 시 건축비 일부를 지원하기도 하는데 이는 대안이 되지 못한다. 일시적으로 한옥이 늘어날 수 있을지 몰라도 외국에서 밀물처럼 밀려오는 목조주택을 막을 수는 없다. 처음부터 하나하나 바꿔가야 한다. 아니, 바꾸는 것이 아니라 새로 만들어가야 한다. 그동안 만든 것이 없기 때문이다.

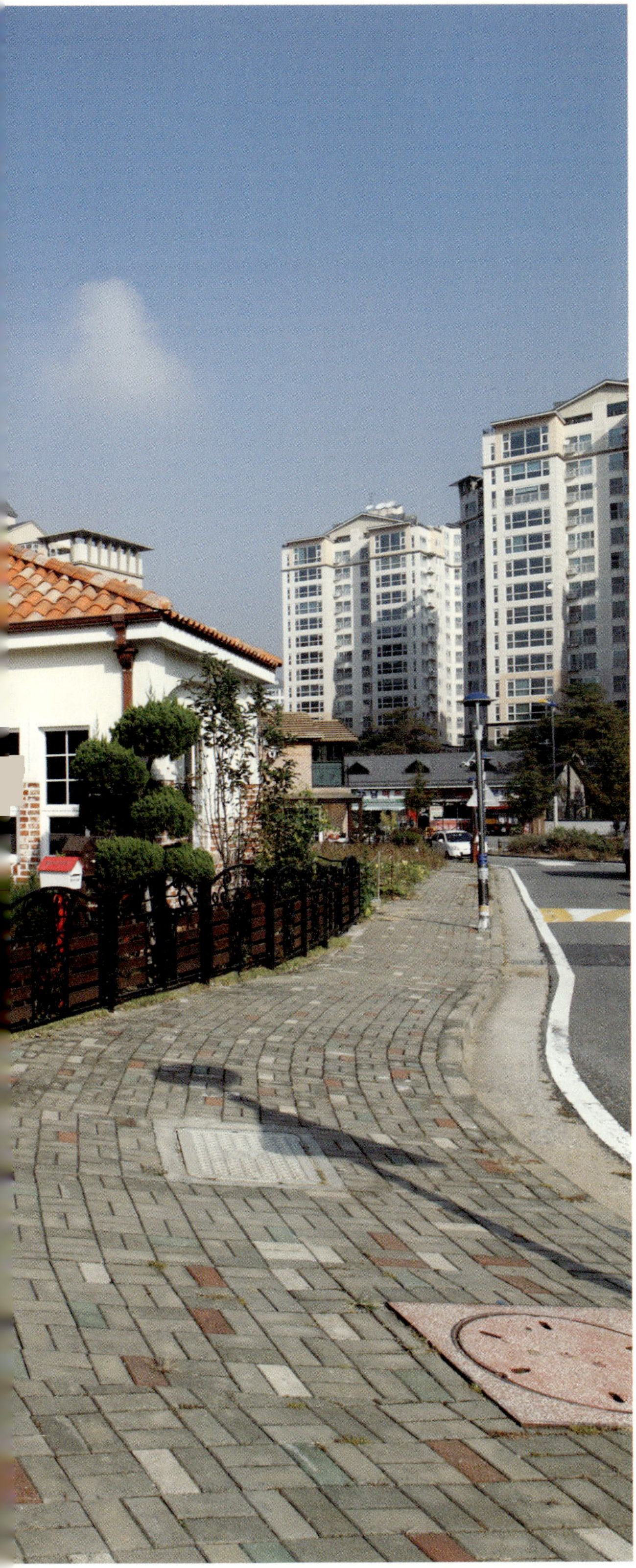

Wood Framed House 19

부부의
라이프스타일에 꼭 맞춘
실속 가득한 집

능곡
E-하이델베르그

대지위치	경기도 시흥시 능곡로
지역지구	제1종 전용주거지역
용도	단독주택
건물규모	지상 2층
대지면적	224.10㎡(68평)
건축면적	103.24㎡(31평)
연면적	166.95㎡(50평)
건폐율	46.07%
용적률	74.50%
주차대수	2대
공법	경량목구조
외부마감	스터코플렉스, 벽돌, 스페니쉬기와
내부마감	실크벽지, 집성계단재
설계 및 시공	㈜나무와좋은집

능곡
E-하이델베르그

안산시와 시흥연성지구의 경계에 위치하고 있는 택지개발지구, 건축 상담을 위해 필지를 먼저 방문했다. 설계 전 주변 건축물을 둘러보는 이유는 동네의 분위기와 건축물의 흐름 등을 파악하여 설계에 반영하기 위해서다. 군데군데 목조주택과 콘크리트주택이 혼재되어 지어지고 있는 단지 분위기가 눈에 띄었다.

건축주는 공직에서 퇴직 후 아파트 생활을 접고 단독주택 생활을 시작하려는 상황이었다. 평소 주택에 머무르는 가족은 부부 두 명이고 자녀들은 명절이나 가족 행사 때 주로 모일 예정이다.
대지는 사각형이 아닌 도로 쪽이 조금 더 넓은 장방형으로, 앞마당을 최대한 활용하려면 대지 경계를 따라 평면 배치 계획을 잡아야 했다. 또한 건물 후면인 북쪽 방향에는 묘지가 있어 배면에는 환기를 위한 목적 이외의 창은 반영하지 않았다.

중후한 느낌의 건물외관을 선호하는 건축주의 의견에 따라 파벽돌과 스터코플렉스 그리고 점토기와를 주요 외장재로 사용하였다. 스터코플렉스는 내오염성이 강하고, 기존의 스터코나 드라이비트와는 달리 약간의 탄성이 있어 목조주택 고유의 특성인 수축팽창에 유연하게 대응을 할 수 있다. 또한 입자가 곱고 부드러워 작업성이 좋고 질감이 좋아 고급스런 연출이 가능하다.

1층은 부부를 위한 공간이다. 거실과 안방, 주방 및 화장실 등이 놓여 있으며 대부분 세탁실이 주방 옆 다용도실 쪽에 배치되는 것과 다르게 안방 안쪽으로 세탁실과 건조실을 두었다.
2층에는 두 개의 방이 놓여 있다. 그 중 하나는 거실과 방을 반으로 나누었는데, 문을 달지 않고 공간만을 분리하여 세 가족이 사용할 수 있도록 설계하였다.

따스한 색감의 파벽돌과 짐토기와로 마감한 주택의 외관.

정면도

좌측면도

🏠🏠 평소에는 부부 두 명민이 주로 생활하는 주택인데, 종종 찾아오는 자녀들의 가족을 위해 2층에 따로 공간을 마련해 두었다.

부부만을 위해 단출하게 꾸민 1층 공간. 불필요한 가구와 소품을 최대한 배제한 분위기가 인상적이다.

평면도

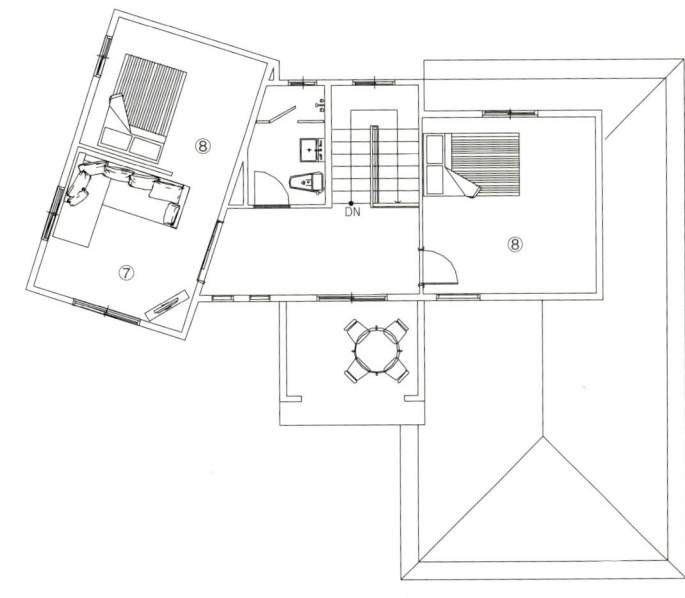

2F

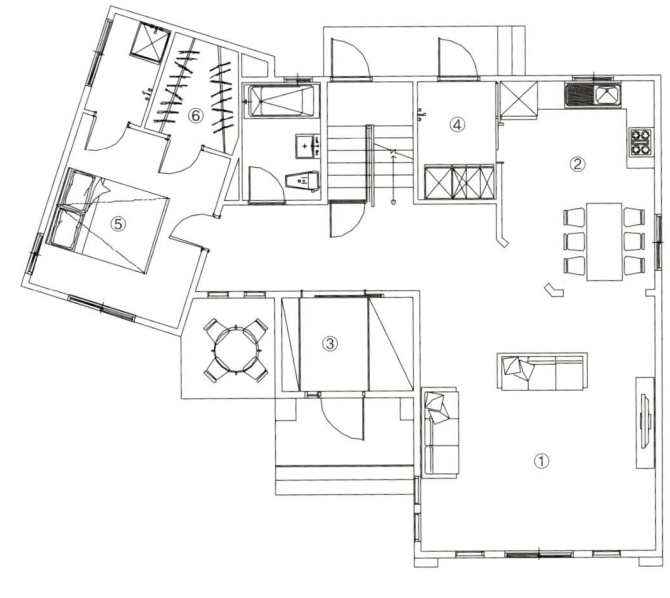

1F

① 거실
② 주방 & 식당
③ 현관
④ 다용도실
⑤ 안방
⑥ 드레스룸
⑦ 가족실
⑧ 방

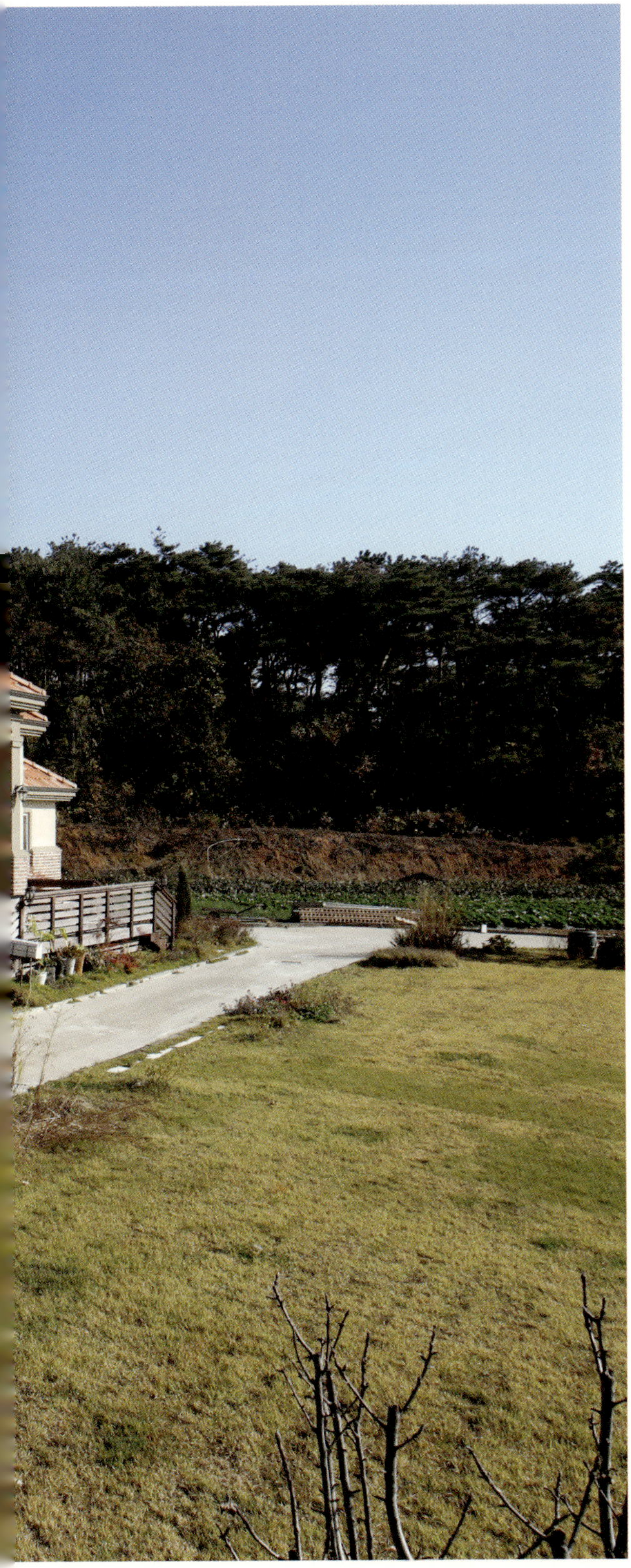

Wood Framed House 20

귀향에 어울리는
포근한 목조주택의
완성

당진
지중해풍 주택

대지위치	충남 당진군 송산면
지역지구	농림지역
용도	단독주택
건물규모	지상 2층
대지면적	2,899.00㎡(877평)
건축면적	161.68㎡(49평)
연면적	209.81㎡(63평)
건폐율	5.58%
용적률	7.24%
주차대수	2대
공법	경량목구조
외부마감	스터코플렉스, 벽돌, 스페니쉬기와
내부마감	실크벽지, 햄퍼 몰딩
설계 및 시공	㈜나무와좋은집

당진
지중해풍 주택

건축주는 오랜 시간 타지에서 지내다 귀향을 결심했다. 부모님을 비롯한 많은 지인들이 건축에 도움을 주었는데, 특히나 대목수 출신의 부친이 풍수를 고려해 부지를 택해 주었다. 산과 지형이 함지박처럼 주택을 둘러싸고 있는 배산임수 터에 주변에는 농지가 넓게 펼쳐져 있어 집을 앉히기에 딱 좋은 자리다.

부친의 영향으로 목조주택을 짓기로 결정한 건축주는 교하에 있는 주택과 비슷한 모양새의 집을 기대하였다. 북미식 목조주택에 지중해풍을 믹스한 것인데, 스터코플렉스와 벽돌로 마감한 외부는 지중해풍 아치형 현관으로 인해 한층 더 이국적인 느낌이 든다.

현관을 들어서면 오른쪽으로 거실과 부모님 방이, 왼쪽 전면으로 주방과 안방이 자리한다. 2층에는 서재와 침실이 있다.
주방은 왼쪽 전면에 자리 잡고 있지만 여느 집들과 달리 폐쇄적인 느낌이다. 외부에서 주방이 쉽게 노출되는 게 싫어 일부러 닫힌 구조로 만들었다. 개방형 부엌이 보기엔 좋아도 거실과의 구분이 모호해지는 것 같아 불편한 까닭이다.

애초 설계할 땐 노부모와 건축주 부부가 각각 1, 2층을 따로 사용하려 했지만 층을 구분하면 서로의 생활이 단절될 것 같아 서재를 2층으로 올리고 모든 방을 아래로 내렸다. 대신 안방과 부모님방을 좌우 가장 끝에 배치하는 등 주요 동선을 구분하여 서로의 사생활은 유지되도록 했다.

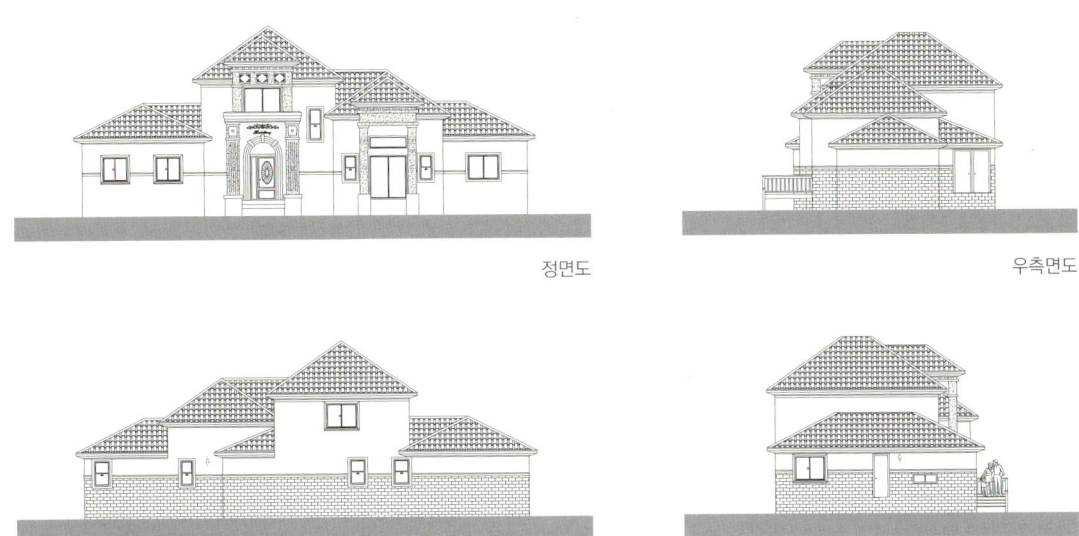

정면도

우측면도

배면도

좌측면도

배산임수의 터에 여유롭게 자리집은 당진 주택. 건물의 좌우에 부모님과 건축주의 침실을 배치하여 편의를 포기하지 않으면서도 각자의 사생활을 최대한 존중할 수 있도록 계획했다.

당진 지중해풍 주택

건물의 외관은 북미식 목조주택에 지중해풍을 믹스하여 완성하였다. 스터코플렉스와 벽돌로 마감한 외부는 지중해풍 아치형 현관으로 인해 한층 더 이국적인 느낌이 든다.

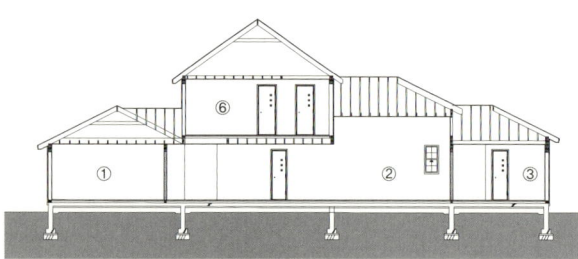
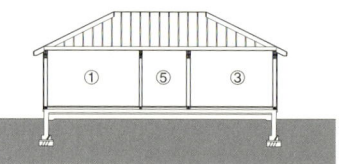

단면도

① 주방
② 거실
③ 침실
④ 가족실
⑤ 다용도실

주택의 중앙에 널찍한 거실이 자리하고 전면의 큰 창을 중심으로 양쪽에 작은 창을 두어 조도를 확보함과 동시에 디자인 요소의
역할까지 겸하고 있다. 주방 역시 식탁의 위치를 고려하여 큼직한 창을 내었다.

부친의 도움으로 얻게 된 배산임수의 터에 지은 집이니만큼, 주변의 자연을 한껏 끌어들이는 설계에 중점을 두었다.

계단을 오르면 2층에 벽을 따라 책들이 빽빽히 꽂힌 서재가 마련되어 있다. 접이식 계단을 통해 다락으로 연결된다.

평면도

① 거실
② 안방
③ 방
④ 현관
⑤ 주방 & 식당
⑥ 옷방
⑦ 서재
⑧ 다용도실

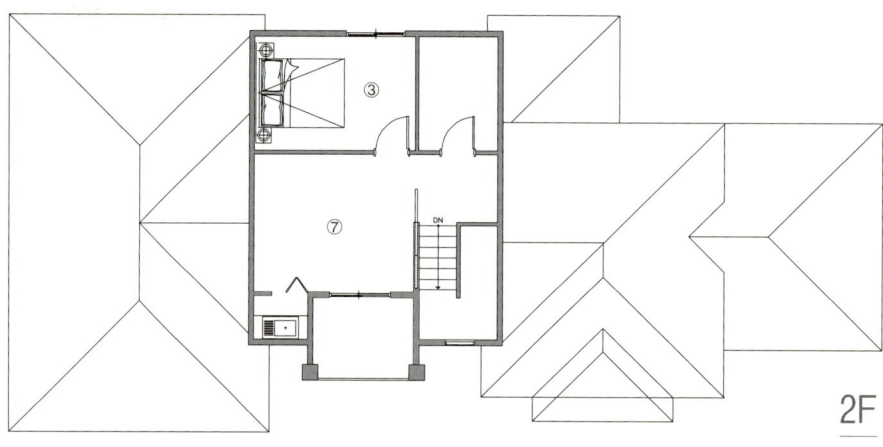

2F

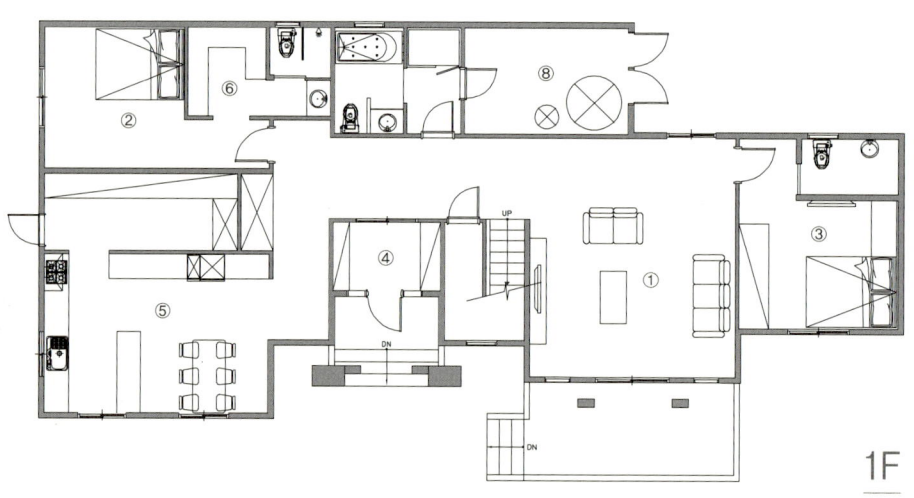

1F

당진
지중해풍 주택

: 사진으로 보는

현장 목구조 공사 디테일

갈수록 오르는 건축비,
공장형 모듈하우스가 답

건축 현장에서의 가장 큰 고민 중 하나가 바로 인력 수급 문제다. 최근 들어 전문 작업자의 노령화 등으로 인해 대부분의 건축 현장 내 인력을 외국인 노동자가 메우고 있는 실정이다. 인력을 채우기도 쉽지 않지만, 현장 인부들에게 주어야 할 임금이 점차 높아져 건설원가가 늘어나는 점도 고민해 봐야 한다. 건축 특성상 현장에서 모든 것이 이뤄지다 보니 기계화나 자동화를 도입하기도 어려워 수익성 또한 갈수록 악화되고 있다.

이러한 현장의 어려움을 극복할 수 있는 방안 중 하나가 '공업화(모듈러) 주택'이다. 현장이 아닌 공장에서 건축자재를 미리 생산하는 방식이다. 공업화 주택은 건축 전반의 90% 이상을 공장에서 생산하고 모듈화된 주택을 화물차로 운송해 현장에서 조립한다. 이러한 공업화 주택이 시대적 흐름에 부응할 수 있는 하나의 대안으로 떠오르고 있다.

공정의 90% 공장서 완성한 뒤 현장 조립

공업화 주택은 공장에서 생산돼 시간과 비용을 절감할 수 있다. 보통 66㎡ 규모의 주택을 공업화로 시공한다면 이틀 안에 현장에서 설치할 수 있다. 하지만 이 정도 크기의 주택을 현장에서 지으려면 최소 한 달 반 정도의 시간이 걸린다.

또 현장 건축의 경우 공사현장에서 체류하는 경비 즉, 숙박비·식사비·출장경비 등이 추가로 들어간다. 대개 건축은 여러 가지 공정이 현장에서 복합적으로 진행되기 때문에 각 공정별로 경비가 필요하다. 이로 인해 소형주택일수록 실제 일하는 비용보다 길에서 버리는 비용이 큰 경우가 많다. '배보다 배꼽이 큰' 셈이다.

예를 들어 전기 기술자가 소형주택을 공사한다고 할 때 두 시간 정도면 가능한 일도 하루 인건비에 다녀가는 이동 경비까지 모두 지불해야 하는 것이다. 지방의 경우 여기에 숙박비까지 부담해야 한다.

시간, 비용 절감으로 건축비 최대 50% 줄여

이에 반해 공장에서 주택을 만들게 되면 경비를 획기적으로 줄일 수 있게 된다. 여러 채를 한 번에 생산하기 때문에 현장에서 한 채를 지을 동안(2시간)에 공장에서는 4채(8시간)를 작업할 수 있다. 물론 추가경비도 거의 없다. 보통 공장에서 상주하며 작업하기 때문에 출장 경비와 시간을 줄일 수 있기 때문이다. 이런 식으로 공장에서 주택을 대량 생산하면 현장에서 생산하는 것보다 적게는 25%, 많게는 50%까지 건축비를 절감할 수가 있다.

추가로 자재의 낭비도 크게 줄일 수 있다. 통상 건축자재는 현장 사용량보다 15% 정도 추가로 주문한다. 주택을 짓다가 자재가 떨어지면 추가 매입하는 비용이 많이 들고 작업이 끊겨 손해를 볼 수 있기 때문이다. 이렇게 남은 자재는 반품하려면 운송비가 부담이고 보관하려면 또 비용이 들기 때문에 폐기물로 버려지기 일쑤다. 자재를 구입하는 비용과 버리는 비용이 이중으로 들어가는 것이다. 하지만 공장에서는 자재가 남을 일이 없고 남아도 100% 다시 사용된다.

그러나 소형주택과는 달리 대형주택을 모듈화 하는 것은 경험 부족과 운송조립 비용 등의 제반문제로 인해 아직까지는 적용이 어려운 현실이다. 반면 외국에서는 이미 여러 가지 방법으로 공업화가 빠르게 이루어지고 있다. 특히 일본의 경우 다양한 공법과 자재를 개발해 자국 내는 물론이고 우리나라와 중국 등에도 활발하게 진출 중이다.

건축은 여러 가지 복합적인 건축자재가 모두 들어가기 때문에 타 산업으로의 파급효과도 크다. 공업화 주택이 대중화될 수 있도록 서둘러야 하는 이유다.

모듈하우스 – 계약과 동시에 생산 진행

건축은 설계에서 출발한다. 건축주와 설계자가 설계 초안을 잡고 수정을 거쳐 설계도면이 완성되면 인허가를 진행한다. 허가가 떨어지면 전체 일정을 짠 뒤 공사가 시작된다. 규모에 따라 다르지만 일반적으로 대략 6개월에서 1년 이상 소요되는 경우가 많다. 때로 시공사와의 마찰이 생긴다거나 예상치 못한 문제가 나타나면 몇 년이 걸리기도 한다.

반면 공장에서 제작되는 모듈하우스는 미리 지어놓은 모델하우스를 보고 건축주가 마음에 드는 모델을 골라 계약을 하면 공장에서 생산이 진행되고, 미리 설계된 도면으로 인허가를 진행하게 된다. 허가가 나오는 동안 공장에서는 제품을 생산하고, 허가가 완료되는 즉시 부지 내 배관작업이나 기초 콘크리트 타설이 이루어진다. 그 뒤, 모듈하우스 생산이 완료되면 곧바로 현장으로 운반하여 설치된다. 보통 약 한 달 내지 두 달이면 모든 과정이 완료된다.

현장건축에서 일어나는 대부분의 마찰은 자재 선정 과정이나 시공사와 건축주의 소통 부재에서 일어나는 빈도가 높으므로, 계약 전에 이미 모델하우스를 보고 결정한 뒤 진행되는 모듈하우스 건축의 경우에는 계약자와 제작자 간의 마찰이 일어날 확률이 거의 없다.

공장 제작의 단점

그러나 공장에서 제작하는 모듈하우스가 장점만 있는 것은 아니다. 주택을 모듈 단위로 생산하기 때문에 제약이 따를 수밖에 없다. 건물의 이동 여부와 규모가 단점으로 작용하기도 하고 제작 자체가 불가능한 경우도 있다. 모듈 단위로 생산하여 화물차로 현장 이동해 크레인으로 설치하기 때문에, 규모가 큰 건물이나 파손이 쉬운 건축 자재를 이용한 주택, 높은 건축물 등은 도리어 현장 제작이 유리하다. 또한, 화물차로 운송이 어렵거나 부지 자체가 화물차가 드나들 수 없는 곳은 계약 자체가 불가능한 것도 단점이다.

다만 큰 규모의 건축물이라도 모듈로 여러 채를 나누어 공장 제작하여 조립하듯 쌓아 올리는 경우는 제한적으로 적용할 수 있다. 원룸형 빌딩이나 기숙사, 현장 숙소 등이 좋은 예로 모듈형 주택으로 공사하기에 적합하다.

모듈하우스 설계에서 완성까지의 과정

① 모델하우스 및 공장 방문 후 계약

② 생산 및 인허가 진행

③ 허가 완료 및 콘크리트 타설

④ 생산 완료 및 출고

⑤ 현장 도착 및 조립

⑥ 완성

Smart House 01

공사기간의 부담없이
증축이 가능한
주택

〜〜〜〜

인제
리뮤 스마트하우스

대지위치	강원도 인제군 북면 용대리 10
용도	펜션
건축면적	85.29㎡(26평)
연면적	139.76㎡(42평)
공법	경량목구조
난방	건식온돌패널, 기름보일러
외부마감	K-mew 사이딩, 캡스톤 도어,
	Swing window, 스터코, 적삼목,
	아스팔트싱글, 리얼징크(컬러강판)
내부마감	강화마루, 실크벽지, 인데리어월,
	한샘 하이바스, 한샘 주방가구
설계 및 시공	㈜나무와좋은집

⌂

인제
리뮤 스마트하우스

목조주택의 별채형 객실이 특징인 인제 리뮤 게스트하우스. 주변에 이미 포화상태라 할 수 있는 펜션들로 인해 수익구조가 가능할지 의문이 들었지만, 감각 있고 세련된 건물과 건축주의 운영 노하우가 더해져 주말은 물론 평일에도 객실 가동률이 전국에서 손꼽히는 곳이다.

건축주는 스마트하우스와의 인연을 몇 년간 이어왔다. 기존의 객실과 카페를 나무와좋은집에서 설계·시공을 맡아 진행했었기에 믿음과 신뢰가 쌓여 있었고, 추가 객실에 대해 증축을 결정하면서 현장건축과 공장 제작식 모듈러주택 사이에서 고민을 거듭하였다.
여러 차례 스마트하우스 공장을 방문하여 제작과정과 실제 현장에 설치된 주택을 꼼꼼히 살핀 결과, 가격 대비 품질이 우수한 스마트하우스를 구입하기로 결심하였다. 현장에서 진행하는 것도 나름의 재미와 묘미가 있었지만, 펜션을 운영하면서 장기간 공사를 하는 것이 고객에 대한 예의가 아니었고 수개월 간 건축공사에 신경 써야 하는 두려움에 새로운 선택을 한 것이다.

스마트하우스는 주문 후 한 달가량의 기간 동안 공장에서 만들어져 8대의 차량에 싣고 와서 크레인으로 조립하는 데는 하루가 채 걸리지 않았다. 뚝딱하니 집이 세워진 것이다. 건축주도 기존의 현장건축 주택에 못지않게 공장에서 제작한 주택에 대해 만족감을 나타냈다. 건물의 디자인뿐만 아니라 기존의 그라스울 단열재가 아닌 수성연질폼을 이용하여 한단계 업그레이드된 단열 성능 또한 더 높은 만족도를 주는 계기가 됐다.

더운 여름을 보냈으니 이제 한겨울을 보내면 더 확실해지겠지만 현재까지는 대만족이다. 건축주는 앞으로 추가 증축을 하더라도 스마트하우스를 선택하겠다는 결심을 굳혔다. 이미 마음속에 앞으로 설치할 다른 스마트하우스 모델도 결정된 상태라니 앞으로의 리뮤 역시 기대된다.

공장제작 방식의 모듈하우스인 스마트하우스를 선택해 하루만에 뚝딱 새로운 객실이 마련되었다.

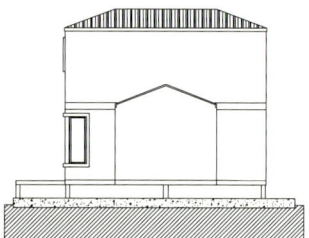

입면도

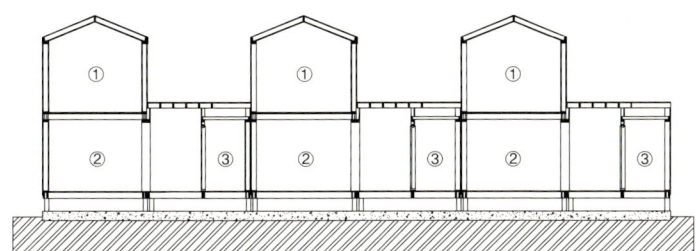
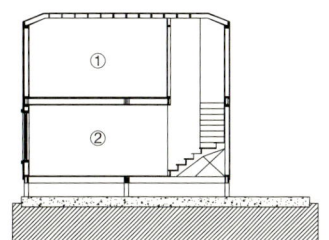

단면도

① 침실
② 거실
③ 욕실

🏠🏠   아래층 공간은 기실과 주방, 식당으로 구성되어 있다.

2층은 침실공간으로 꾸며 아늑함을 극대화했다.

인제
리뮤 스마트하우스

: 사진으로 보는
현장 조립 과정

평면도

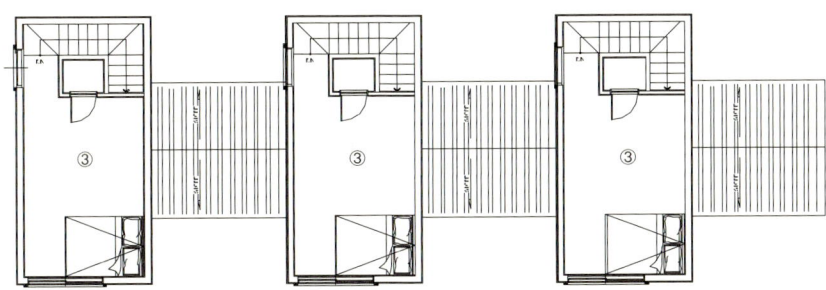

2F

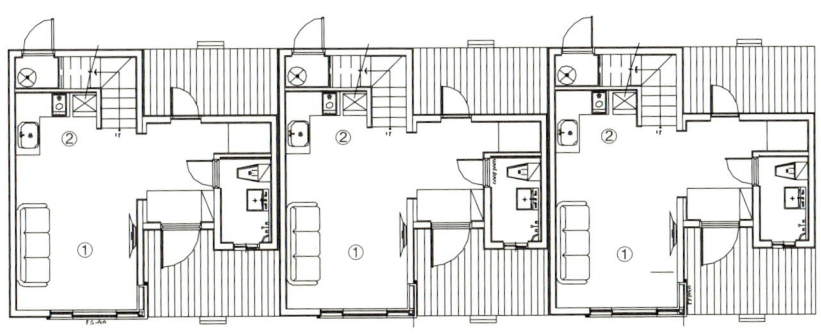

1F

① 거실
② 주방
③ 침실

노후를 위한
편안한
집 장만

태안
스마트하우스

대지위치	충남 태안군 남면
용도	주택
건축면적	41.07㎡(12평)
연면적	63.55㎡(19평)
공법	경량목구조
난방	건식온돌패널, 기름보일러
외부마감	제임스 하디 사이딩, 캡스톤 도어,
	삼목 사이딩, 이중그림자싱글
내부마감	LG 장판, 스프러스 루버,
	한샘 하이바스, 리바트 주방가구
설계 및 시공	㈜나무와좋은집

태안
스마트하우스

도심에서 회계사로 근무하다 이곳 태안의 한적한 마을에 대지를 장만한 건축주. 건축 계획을 세우고 나서 집을 짓기 위해 여기저기 알아보고 건축박람회와 여러 사무소를 방문해 보았다. 그러나 혼자 공부하기엔 너무 어려운 법규와 수많은 건축자재, 그리고 집 짓는 과정에 대한 두려움으로 고민하던 중, 우연히 신문 기사를 통해 스마트하우스와의 인연은 시작되었다.

그 후 건축 인허가도 스마트하우스에서 소개해준 건축사의 도움으로 어렵지 않게 진행하였고, 공장에서 제작하여 현장에 설치하는 방법을 통해 너무도 수월하게 집을 장만하였다. 귀촌을 결심하면서 가장 어려운 문제를 쉽게 해결을 하니 다른 소소한 문제는 큰 걸림돌이 되지 못했다.

큰 집에서 생활을 하다가 귀촌을 하면서 작은 집을 장만하고 나니, 가끔씩 친인척과 자녀들이 오면 집이 좁아 아쉬움이 남는다는 건축주. 그래서 손님용으로 별채를 한 동 더 장만할 계획이다.
물론 이번에도 스마트하우스로 결정을 하고 현재 진행 중이다.

모델명 '베이스캠프 II'를 선택한 건축주. 총 3개의 모듈로 제작되며 2층 발코니 공간은 변형이 가능하다.

♠♠ 2인 가족이 살기에 적당한 규모이나, 가끔 방문하는 자녀와 손님들을 위해 추가 주택을 계획 중이다.

⌂⌂⌂   1층에 마련된 거실과 주방 및 침실.

평면도

2F

1F

① 거실
② 주방
③ 현관
④ 창고
⑤ 방
⑥ 서재

태안 지오랜드 스마트하우스

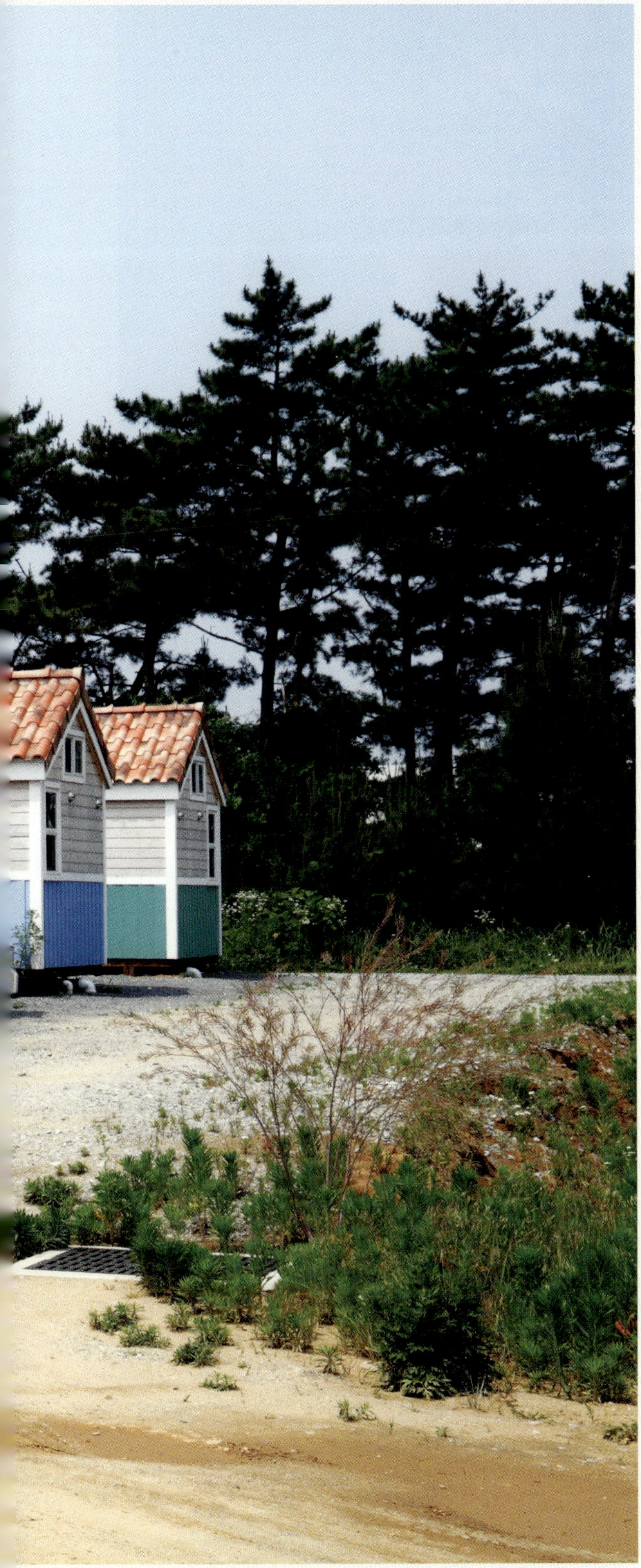

Smart House 03

우수한 디자인과 품질로
선택된
이동식 모듈하우스

태안 지오랜드 스마트하우스

대지위치	충남 태안군 남면 마검포길 104
용도	펜션
건축면적	21.62㎡(7평) - 4동
연면적	86.48㎡(26평)
공법	경량목구조
난방	PTC 전기 필름난방
외부마감	제임스 하디 사이딩, 캡스톤 도어, 삼목 사이딩, 점토 CS기와
내부마감	LG 장판, 스프러스 루버, 한샘 하이바스, 리바트 주방가구
설계 및 시공	㈜나무와좋은집

태안
지오랜드 스마트하우스

태안의 안면도 입구에 위치한 지오랜드는 캠핑과 펜션, 레저가 어우러진 종합 레저타운이다. 숙박동에는 펜션과 세미나실이 있고, 텐트를 칠 수 있는 캠핑장과 카라반도 별도로 설치되어 있다. 레저시설로는 사륜오토바이, 경비행기 체험, 서바이벌 체험장 등이 있고 독살체험과 바다낚시도 즐길 수 있는 곳이다.

추가적으로 독립된 숙박시설이 필요했던 이곳은 추후 이동성 측면을 고려해 스마트하우스를 구입한 예이다. 또한, 중고로 처분도 가능하다는 것도 알파 요인이다.
무슨 사업이든 시대의 흐름에 따라 변동이 가능하다는 것은 사업자로서 가장 염두에 두어야 하는 부분이다. 일전에 건축주가 알아본 이동식 주택의 대부분이 품질이 낮고 조악하여 고민하였으나, 스마트하우스 모델은 디자인과 기능, 품질 면에서 모두 우수하여 선택되었다.

모듈하우스의 제작과정에 따라 건축은 너무 쉽게 해결되었는데, 토지 허가 부분에서 많은 시간을 소요되었다. 허가지의 배수관이 지나가는 곳이 타인의 소유여서 동의를 받는데 어려움을 겪었고, 토목공사를 건축주가 직접 하다 보니 많은 시행착오를 겪었다. 비싼 수업료를 낸 셈이다.

모델명 '스마드하우스 SH101' 4채로 구성된 펜션동. 아스팔트싱글을 주로 쓰는 기본형과 달리 점토기와를 얹었다.

태안 지오랜드 스마트하우스

단면도

🏠🏠🏠　　2개 동씩 짝을 지어 바비큐가 가능한 외부 데크공간을 꾸며두었다. 내외부 모두 간결한 디자인이 특징인 모델이다.

1F

🏠🏠🏠   루버로 마감된 실내. 주방과 다락까지 알차게 꾸며져 있다.

보다 견고하고 완벽한
모듈하우스
제작을 위한 공간

〜〜〜

음성 스마트하우스 본사
+
모델하우스 4제

대지위치	충북 음성군 음성읍 하초로 379
지역지구	계획관리지역
용도	사무실 및 기숙사
건물규모	지상 2층
대지면적	8,797.00㎡(2,661평)
건축면적	104.60㎡(32평)
연면적	154.60㎡(47평)
건폐율	13.65%
용적률	14.70%
주차대수	5대
공법	경량목구조
외부마감	스터코, 적삼목, 컬러강판
내부마감	실크벽지
설계 및 시공	㈜나무와좋은집

음성 스마트하우스 본사
+ 모델하우스 4

충북 음성에 위치한 스마트하우스 본사는 넓은 부지에 소형 이동식주택을 생산하는 공장이 마련된 곳이다. 스마트하우스 건축을 위한 너른 작업공간 한쪽으로 사무실과 식당, 기숙사 기능까지 겸하는 관리동이 있는데 1층은 사무실, 2층은 직원들의 숙소로 활용이 가능하다. 또 공장 건물 앞쪽 마당에는 4가지 타입의 모델하우스도 자리하고 있어 누구나 방문해 직접 스마트하우스를 들여다볼 수 있도록 했다.

초기에 필자가 소형주택 공장을 생각해낸 것은 별장 건축을 하면서부터였는데, 넓은 대지에 놓인 큰 규모의 별장이 결국엔 휴식보다 노동의 공간이 되는 것이 안타까운 생각이 들었기 때문이다.
또한 공장에서 완성하여 이동식으로 구상한 것은 이동의 편리성 때문이다. 위치를 쉽게 바꿀 수도 있고, 이사를 갈 때 차에 싣고 가거나 추후에는 중고로 매매도 가능하다.

공장의 사무실은 대부분 샌드위치패널로 짓는다. 하지만 스마트한 이동식 모듈하우스를 생산하는 공장의 관리동인 만큼 색다른 건물을 짓고자 했다. 사무실 내부는 더글라스퍼 목재를 노출하여 자연미가 느껴지도록 하였고, 북미산 시너 목재 널을 이용하여 지붕을 마감하였다.
기초도 RC-Z라는 FRP폼으로 공사하였다. RC-Z폼은 FRP를 성형하여 만든 거푸집으로, 면이 깨끗하고 정확한 정밀도를 자랑한다. 일본에서 들여온 공법으로 단열과 정밀한 공사가 가능하다.

외관은 누구나 한눈에 알아볼 수 있도록 고래를 모티브로 하여 물고기를 형상화했다. 스마트하우스가 국내 뿐 아니라 오대양육대주를 겨냥하고 있다는 것을 알리고 싶었기 때문이다.
역시 목조건축으로 진행하였는데, 목구조방식은 철근콘크리트구조로 해결하기 어려운 디자인을 가능케 하는 좋은 건축공법이다.
건물의 지붕을 보면 타원모양을 하고 있는데, 잘 시도하지 않는 형태지만 새로운 도전을 기꺼이 받아들이고 즐거워하는 빌더 팀장이 있었기에 가능한 작업이었다.

고래를 모티브로 삼아 디자인한 본사 사무실 건물. 사무실 디자인의 편견을 깨는 공간이다.

정면도

우측면도

🏠🏠🏠 너른 부지에 스마트하우스 제작을 위한 공장 건물과, 누구에게나 항상 열려 있는 모델하우스 4채를 마련하였다.

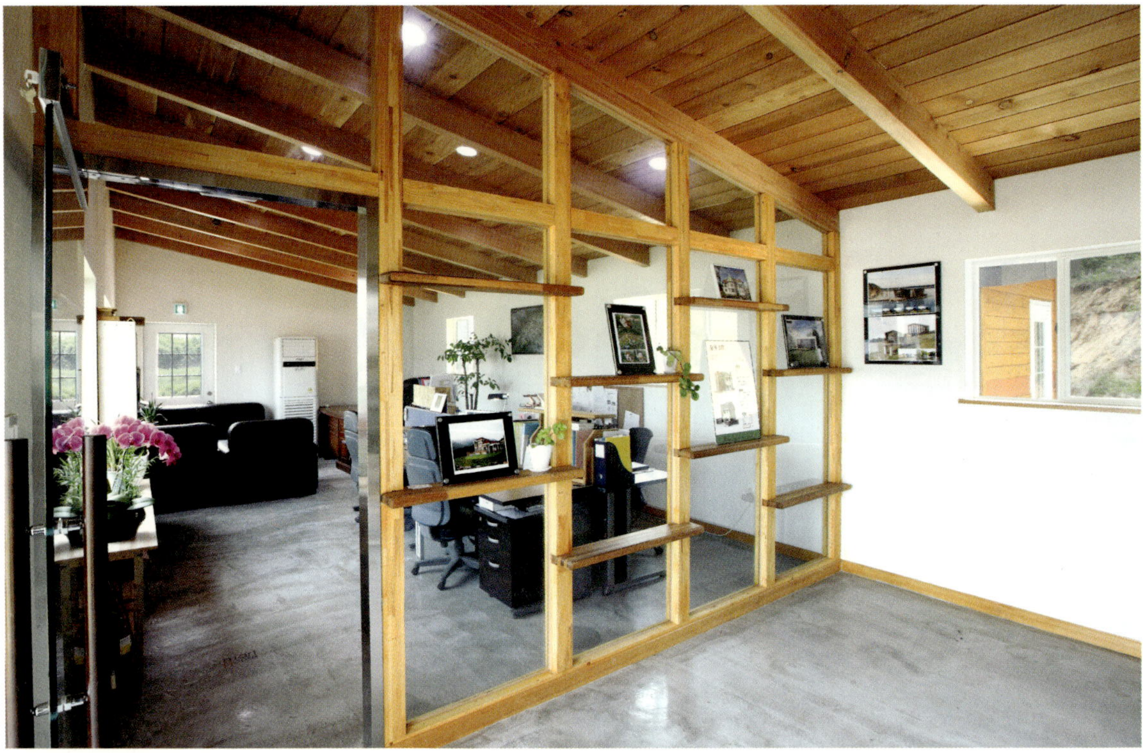

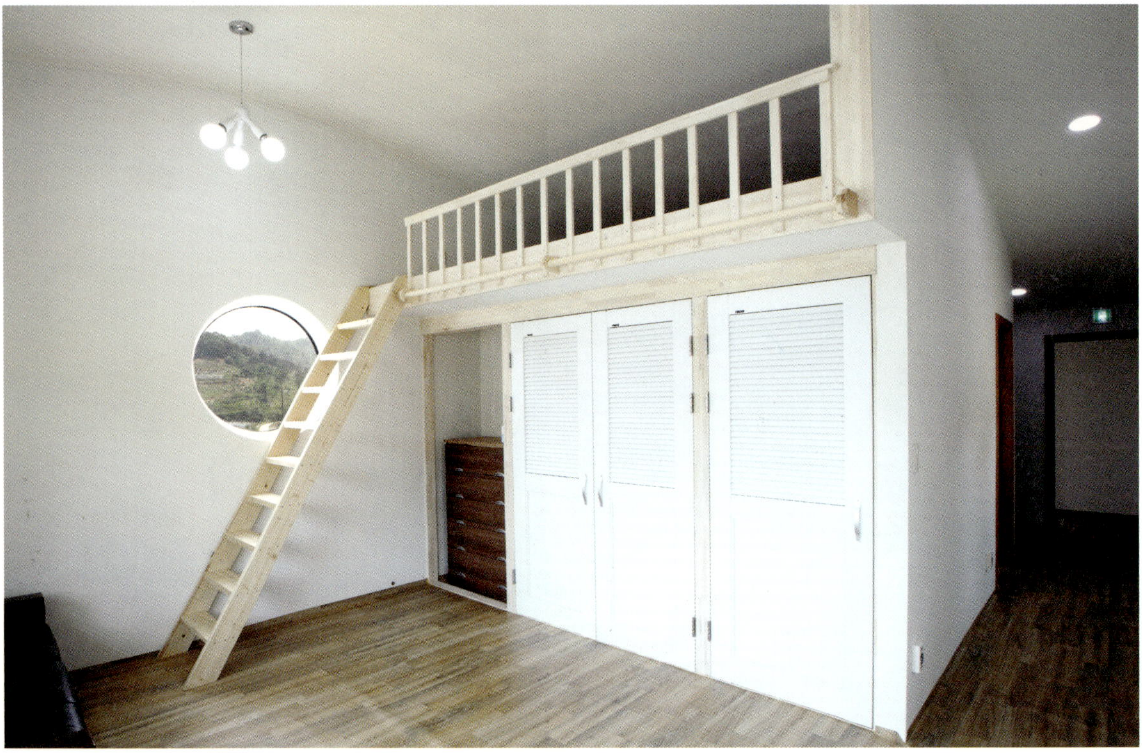

평면도

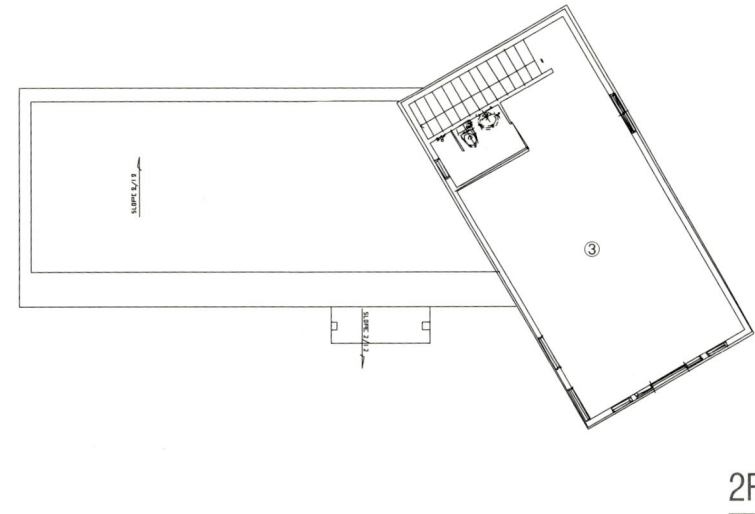

2F

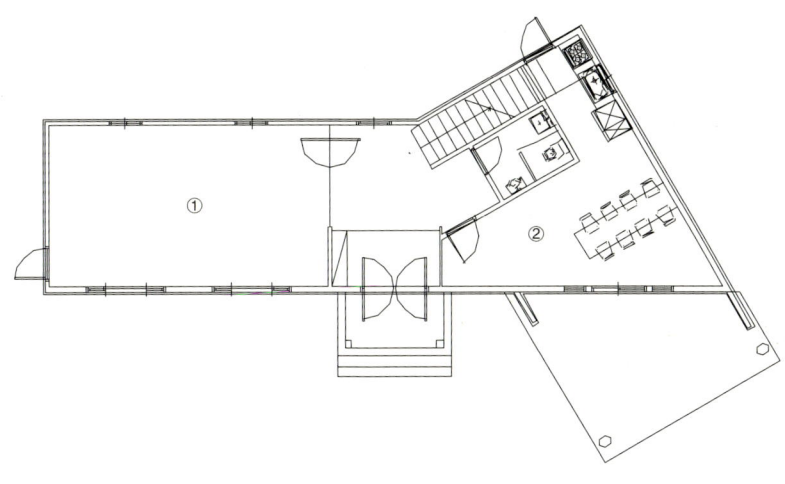

1F

① 사무실
② 식당
③ 기숙사

Smart House Sample 01

스마트 박스 A-type

건축면적	1층 – 26.04㎡(8평), 2층 – 13.3㎡(4평)
공법	경량목구조
외부마감	K-mew 사이딩, 루나우드, 스마트 AL 사이딩, 캡스톤 도어, 리얼징크(컬러강판)
내부마감	강화마루, 실크벽지, 인테리어 월, 한샘 하이바스, 한샘 주방가구

♠♠ 간결한 직선형 매스가 돋보이는 모델.

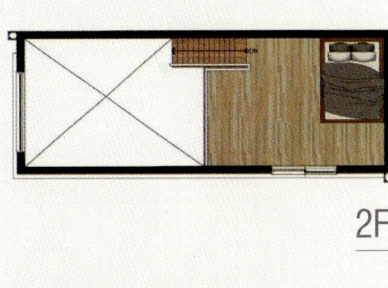

2F

1F

 콤팩트한 디자인임에도 내부에 들어서면 시원스런 공간감을 자랑한다.

Smart House Sample 02

스마트 박스 C-type

건축면적	1층 – 47.82㎡(14평), 2층 – 11.61㎡(4평)
공법	경량목구조
외부마감	K-mew 사이딩, 루나우드, 스마트 AL 사이딩, 캡스톤 도어
내부마감	강화마루, 실크벽지, OSB, 한샘 하이바스, 한샘 주방가구

부분 복층 형식의 모델로, 2층 매스를 떼고 단층만 제작하는 것도 가능하다.

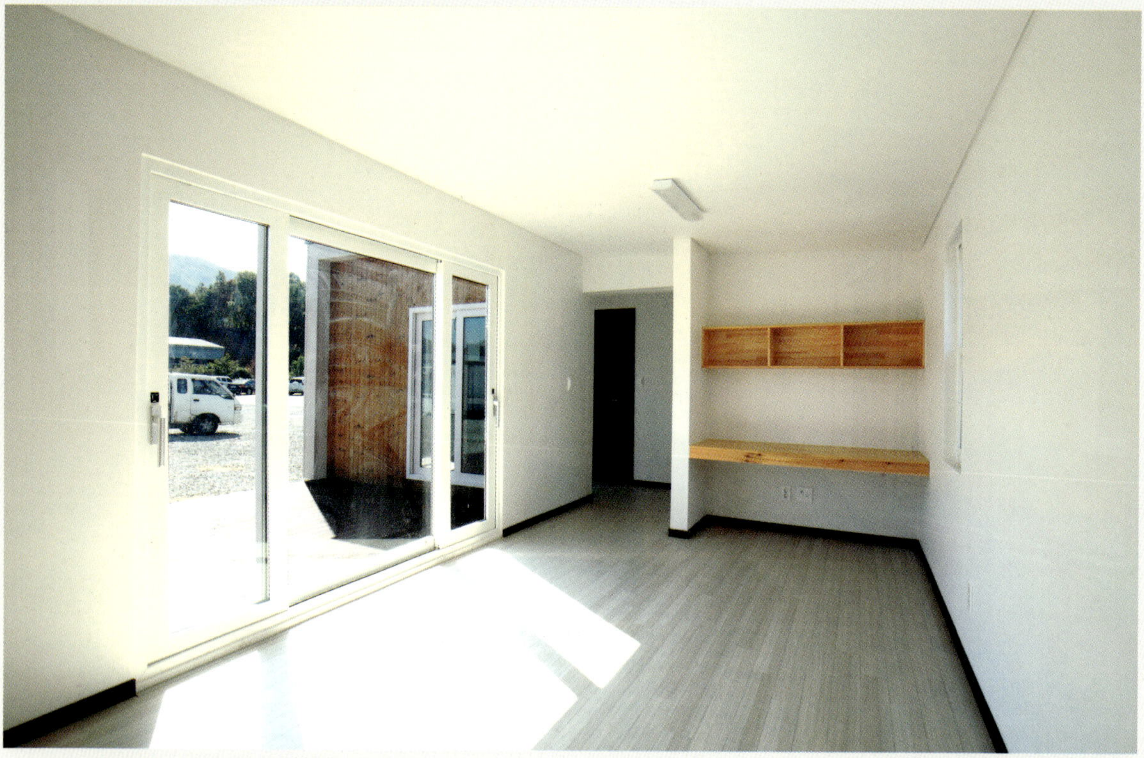

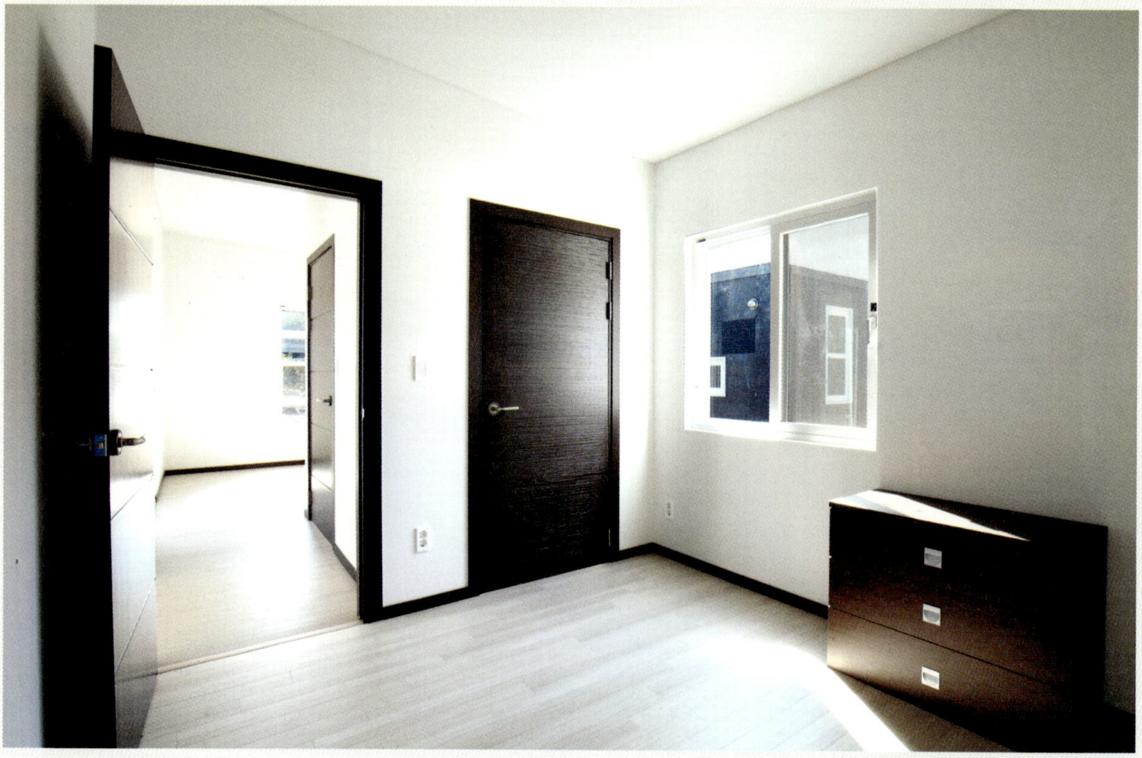

1F

2F

현관 앞으로는 2층으로 연결되는 계단과 넓은 전면창의 거실이 있고, 안쪽으로 침실과 주방이 자리하는 평면 구조다.

Smart House Sample 03

트리-3

건축면적	1층 – 35.39㎡(11평), 2층 – 23.91㎡(7평)
공법	경량목구조
외부마감	제임스 하디 사이딩, 삼목 사이딩, 캡스톤 도어
내부마감	LG장판, 스프러스 루버
난방	전기필름 난방(건식온돌난방 선택)

2층 규모의 스마트하우스. 진면의 널찍한 데크와 2층의 테라스가 특징인 모델이다.

트리-3

1F

2F

▲▲▲ 루버로 마감해 나무향이 물씬 풍기는 실내.

Smart House Sample 04

3.2 House-105

건축면적	62.28㎡ (19평)
공법	경량목구조
외부마감	일본산 K-mew 사이딩, 탄성스터코, 리얼징크
내부마감	강화마루, 벽지, 무늬목 or 자작나무 인테리어 월,
	한샘 하이바스, 한샘 주방가구

19평형 규모의 단층이지만 선택에 따라 좀 더 작은 건축면적의 복층구조나 넉넉한 2층으로도 변형이 가능한 모델이다.

1F

 실내는 조합하는 구조에 따라 쉽게 변동이 가능한데, 침실을 상하층에 선택 배치 가능하고 주방과 거실 또한 현관 양 옆으로 분리할 수 있다.

375

목조주택 프로젝트 27
나무로 짓는 집 이야기

초판 1쇄 발행일	2016년 1월 9일

저자	이영주

발행인	이 심
편집인	임병기
기획·편집	임수진
사진	변종석
디자인	최향주
마케팅	서병찬
총판 I 관리	장성진 I 이미경
출력	삼보프로세스
용지	영은페이퍼㈜
인쇄	애드그린 인쇄㈜

발행처	㈜주택문화사
출판등록번호	제13-177호
주소	서울시 강서구 강서로 466 우리벤처타운 6층
전화	02-2664-7114
팩스	02-2662-0847
홈페이지	www.uujj.co.kr

정가	23,000원
ISBN	978-89-6603-027-9

이 도서의 국립중앙도서관 출판예정도서목록(CIP)은
서지정보유통지원시스템 홈페이지(http://seoji.nl.go.kr)와
국가자료공동목록시스템(http://www.nl.go.kr/kolisnet)에서
이용하실 수 있습니다. (CIP제어번호 : CIP2015036283)